The Secret Weapon of Spanish Citrus: Water-Saving Irrigation

Class

Índice

CAPÍTULO I

Estructura de la Tesis Doctoral.

Objetivos. Introducción general.

OBJETIVOS Y ESTRUCTURA DE LA TESIS DOCTORAL

La Tesis Doctoral se compone de: i) introducción general y objetivos, ii) resultados (divididos en tres capítulos en los que se abordan los objetivos específicos de la tesis) y iii) una discusión general y conclusiones que integran todos resultados.

Capítulo I. Introducción general

Objetivos de la tesis

Mejora de la eficiencia del uso del agua en dos cultivos leñosos mediante el diseño agronómico de la instalación de riego y el desarrollo de estrategias de programación del riego que consideren el continuo suelo - planta - atmósfera.

CAPÍTULO II. DISEÑO AGRONÓMICO DE LA INSTALACIÓN DE RIEGO 

Objetivo: Disminuir las pérdidas por evaporación y lograr una adecuada distribución del frente húmedo para así mejorar el estado hídrico de la planta y elevar la eficiencia del uso del agua de riego por goteo.

Artículo: *Assessment of yield and water productivity of clementine trees under surface and subsurface drip irrigation* (Agricultural Water Management. 2018, 206, 209-216. Citas, WOS: 8; Google Scholar: 7.

CAPÍTULO III. PROGRAMACIÓN DE RIEGO EN BASE A SENSORES DE HUMEDAD DEL SUELO 

Objetivo: Estimar las necesidades de riego a partir la información proporcionada por sondas capacitivas que miden el contenido de agua en el suelo. Definir una metodología de cálculo que sea extrapolable independientemente del tipo de suelo y sonda de humedad empelada.

Artículo: *Mandarin irrigation scheduling by means of frequency domain reflectometry soil moisture monitoring* (Agricultural Water Management. 2020, 235, 106151). Citas, WOS: 0; Google Scholar: 0.

CAPÍTULO IV. CONTROL DEL ESTADO HÍDRICO DE LA PLANTA 

Objetivo: Evaluar la aptitud de sensores turgencia de hoja como instrumento alternativo para determinar el estado hídrico de la planta en dos cultivos leñosos (cítricos y caqui).

Artículos: *Usefulness of the ZIM-probe Technology for detecting water stress in Clementine and Persimmon trees* (Acta Horticulturae. 2015, 1150, 105-112.) Citas, WOS: 2; Google Scholar: 6. + *Evaluating the usefulness of continuous leaf turgor pressure measurements for the assessment of Persimmon tree water statu*s (Irrigation Science. 2017, 35(2), 159-167. Citas, WOS: 9; Google Scholar: 16.

Aplicación tecnologías contrastadas

Evaluación nuevas tecnologías 

Capítulo V. Discusión general

Capítulo VI. Conclusiones

En agricultura, la eficiencia del uso del agua (EUA) es un indicador que relaciona el uso efectivo y la extracción real de agua (FAO, 2019a). Bajo esta definición, se han enmarcado los principales ámbitos de la presente Tesis Doctoral: la gestión sostenible y optimización del agua de riego en un marco de escasez de este recurso.

1.1. Escasez de agua

El **clima mediterráneo** es característico de las regiones costeras occidentales ubicadas entre 30 ° y 40 ° de latitud. Concretamente la cuenca mediterránea se encuentra en una zona de transición entre el clima árido del norte de África y el clima templado y lluvioso de Europa central; por lo que se ve afectada por las interacciones entre la latitud media y los procesos tropicales (Giorgi y Lionello, 2008). El clima de esta región se caracteriza por inviernos suaves y húmedos con una concentración de lluvias en primavera y otoño, y veranos calurosos y secos. Existe una gran variabilidad interanual y estacional de las precipitaciones, con incidencia de importantes períodos de sequía (Nicault et al., 2008). Además, en el período estival, estas condiciones semiáridas se acentúan debido al predominio de las altas presiones (Giorgi y Lionello, 2008).

La vertiente mediterránea de la península ibérica presenta cierta diversidad climática a causa de la distribución espacial de los factores y elementos que tienen una mayor incidencia, como, el relieve, la latitud y la distancia al mar. El área donde se centra el trabajo de esta Tesis Doctoral se clasifica como clima del litoral septentrional, típico de la mayor parte del litoral mediterráneo, Baleares y fachada atlántica de Andalucía. La característica que lo diferencia del resto de sub-climas mediterráneos es la gran intensidad de las precipitaciones, especialmente en situaciones de gota fría durante el otoño e invierno. La evapotranspiración potencial media anual estimada mediante la fórmula de Penman-Monteith (Penman, 1948; Monteith, 1965); que depende, entre otros, de la disponibilidad de agua del terreno, la humedad, la insolación y la velocidad del viento; registra valores mínimos de 1000 mm que van aumentando hacia el sureste hasta 1300 mm. También en esta área se registran elevados valores de radiación solar global anual con máximos de 4.5 kWh·m^{-2} (IGN, 2019). Sin embargo, esta fachada oriental mediterránea es donde se da una agricultura más intensiva. Se considera como la "España seca" ya que tienen elevadas necesidades hídricas no compensadas con las escasas precipitaciones que rondan los 450 mm al año.

Las lluvias se distribuyen irregularmente dentro del año agrícola. Sólo son aprovechables en su estado natural un 5% de los recursos hídricos de España con una demanda variable de riego, en la que las necesidades de los meses secos supera notablemente a la de los húmedos. Estos valores han obligado a regular mediante embalses gran parte de los recursos superficiales en el territorio peninsular. La reducida e irregular disponibilidad de recursos hídricos en la región mediterránea es un problema bien documentado por la literatura científica (Lionello et al., 2012).

El regadío es fundamental en el desarrollo rural, la seguridad alimentaria y es un elemento básico del sistema agroalimentario español. La superficie regada en España supone un 14% de la superficie agraria útil contribuyendo en un 2,4 % al Producto Interior Bruto del país (MAPA, 2019a). Estas cifras se traducen en una demanda total de agua para riego que, en el año 2016, alcanzó casi los 15.000 hm^3 (INE, 2019), siendo un volumen importante de agua en un país con territorios donde los recursos hídricos son escasos. Como demandante de casi el 70% del volumen total de agua, el regadío compite en inferioridad de condiciones con usuarios de otros sectores por un recurso escaso (MAPA, 2019a). La mayor parte de la demanda se satisface gracias a los recursos superficiales procedentes de la escorrentía de las zonas montañosas (De Jong et al., 2009). En áreas semiáridas, este porcentaje puede alcanzar el 50 – 90 % del suministro total (Viviroli et al., 2007). También es cierto que, en algunas regiones, la extracción de aguas subterráneas, el aprovechamiento de las aguas residuales tratadas y la desalación ha permitido paliar su déficit. No obstante, el continuo aumento de la demanda en ciertas zonas y la mineralización de las aguas de riego está ocasionando graves impactos ambientales y un deterioro del recurso (IGN, 2019). A pesar de los esfuerzos realizados para garantizar la demanda, en las cuencas mediterráneas, más del 30% de la superficie en regadío está actualmente infradotada según el último Programa de Vigilancia Ambiental del Plan Nacional de Regadíos-Horizonte 2008 (MAPA, 2001). Ciertas zonas de España se enfrentan a un importante riesgo de escasez, debido a la limitada disponibilidad de recursos hídricos, frente a la concentración intensiva de la actividad; por eso es fundamental utilizar los recursos de una forma adecuada. En este sentido, la planificación de los recursos hídricos debe realizarse considerando la demanda de agua y los escenarios futuros de clima y demografía, debiendo incluir cómo afectarán estos condicionantes de cálculo a la cantidad y calidad de los recursos hídricos (García Ruiz et al., 2011).

Recientes estudios estiman que **la población** mundial aproximadamente se incrementará en 83 millones de personas al año. Este incremento se puede considerar continuo hasta al menos 2050, incluso teniendo en cuenta una disminución en la natalidad media. Las proyecciones indican que hay una probabilidad del 95% de que la población mundial se sitúe entre 8.4 y 8.7 mil millones en 2030, entre 9.4 y 10.2 mil millones en 2050, y entre 9.6 y 13.2 mil millones en 2100 (UN, 2017). Este fuerte incremento de la población provocará un aumento en la demanda de agua tanto para uso urbano como para la propia producción de alimentos. Se hace patente la necesidad de hacer frente al aumento de la demanda de agua en todo el mundo, mediante la implementación de estrategias de riego que permitan a los agricultores incrementar la EUA con el mínimo impacto posible en el rendimiento y en el medio ambiente. Todo ello es lo que se viene denominando **intensificación sostenible**, en línea con los Objetivos de Desarrollo Sostenible (ODS) marcados por la ONU dentro de La Agenda 2030 para el Desarrollo Sostenible. Los ODS buscan erradicar la pobreza y el hambre, combatir el cambio climático y, proteger los recursos naturales, la alimentación y la agricultura (FAO, 2019b).

El arco mediterráneo se considera una de las áreas más vulnerables a nivel mundial a los efectos del **cambio climático**, siendo incierta la futura sostenibilidad de la demanda de agua en la región (Giorgi, 2006; Nogués-Bravo et al., 2008). Desde la década de los cincuenta, se han registrado cambios climatológicos sin precedentes, quedando patente que el calentamiento global es inequívoco (IPCC, 2014.) La temperatura del planeta se ha incrementado a nivel mundial desde el siglo XIX y de una forma alarmante desde la década de 1920 (Hansen et al., 2006). La cuenca mediterránea sufre por partida doble un aumento de la temperatura y una disminución notable de la precipitación (Camuffo et al., 2010; IPCC, 2014). Estas variaciones quedan patentes en la figura 1.

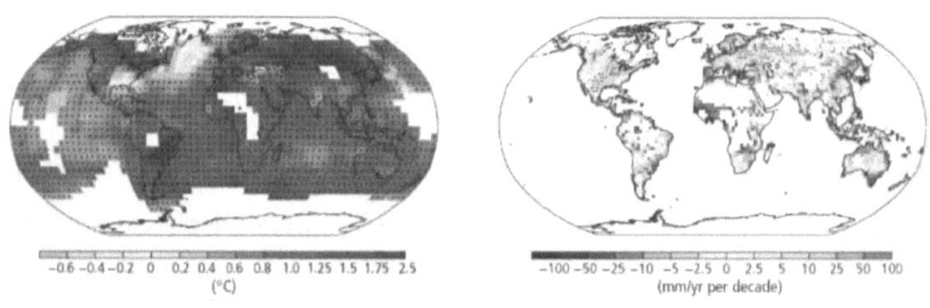

Fig. 1. *Izquierda. Variación de temperatura superficie registrada entre 1901-2012. Derecha. Variación de precipitación anual registrada entre 1951-2010. (IPCC, 2014).*

Las proyecciones no son optimistas, pues se vaticina un aumento general de eventos extremos de calor y sequía (Giorgi y Lionello, 2008). El Panel Intergubernamental sobre Cambio Climático en su último informe de 2018 (IPCC, 2018) estima que las actividades humanas han provocado aproximadamente el incremento de 1.0 ± 0.2 °C por encima de los niveles preindustriales, aunque es muy probable que el calentamiento global alcance 1.5 °C entre 2030 y 2052 (IPCC, 2018). Las previsiones para el área mediterránea son más aciagas, sobre todo para el período estival, estimando un incremento de la temperatura de 4.0 − 5.0 °C y una reducción de la precipitación del 25 − 30% (Giorgi y Lionello, 2008). Fernández-Montes et al.

(2017) prevé una relación negativa entre la temperatura y la precipitación con alternancia de períodos cálidos y secos con fríos y húmedos en la península ibérica. Estas variaciones tendrán múltiples consecuencias para la agricultura mediterránea, especialmente en la península ibérica, Francia y el norte de África. La evaluación de múltiples estudios pone de relieve los impactos negativos del cambio climático sobre el rendimiento productivo (IPCC, 2014).

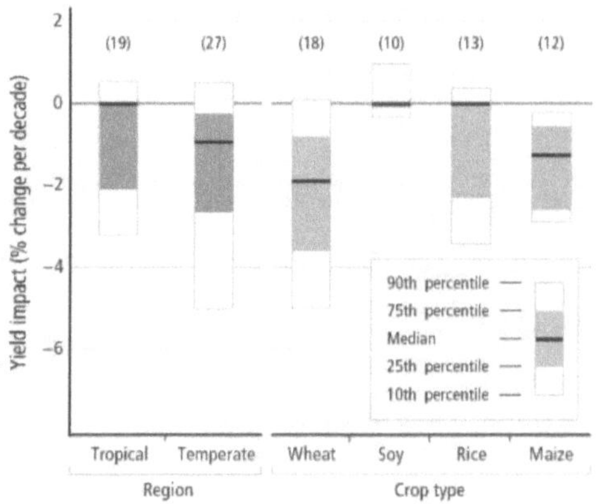

Fig. 2. *Impactos estimados sobre los rendimientos productivos observados durante 1960-2013 para cuatro cultivos en regiones templadas y tropicales. El número datos analizados para cada categoría aparece entre paréntesis. (IPCC,2014).*

A modo de ejemplo, en la figura 2 se muestran las reducciones estimadas en la producción por tipo de cultivo y tipo de clima en base a datos de los últimos años. El cambio climático claramente ha tenido un efecto negativo en los rendimientos del trigo y el maíz. Esta tendencia no es directamente extrapolable a los cultivos leñosos del área mediterránea, pero todos los indicadores advierten grandes dificultades para mantener los actuales niveles productivos.

El cambio climático y la alteración de la cobertura del suelo, junto con la presión demográfica y expansión urbana, es probable que amplifique el estrés hídrico en la región mediterránea, debido a una menor disponibilidad de recursos hídricos (menor precipitación y mayor evapotranspiración) y un mayor uso del agua. La combinación de estos factores lleva inevitablemente a un balance negativo de agua para los cultivos y la vegetación natural (García Ruiz et al., 2011). En este sentido la gestión del riego debe jugar un papel fundamental para minimizar los efectos negativos, y así se expresa en el Synthesis Report del IPCC (2014), considerando la eficiencia del riego un elemento básico para la adaptación al cambio climático.

1.2. Gestión sostenible de los recursos

Tal y como se indicaba anteriormente, el crecimiento de la población mundial va a ser uno de los principales retos para la agricultura. Con este incremento y con el cambio en el tipo de dieta, que se está registrando en ciertas regiones del planeta, se prevé un aumento de la demanda de alimentos para 2050 del 70% - 100% respecto de los niveles actuales (Tilman et al., 2011); condicionada por la limitada expansión de las tierras agrícolas y la decreciente disponibilidad de recursos hídricos (Assouline et al., 2015). Frente a este escenario, la eficiencia en la producción y distribución de alimentos es fundamental (Barnosky et al., 2012) y el regadío se enmarca como elemento clave para mejorar rendimientos, ya que puede permitir que la producción llegue a triplicarse manteniendo la superficie agraria (Howell, 2001).

La **agricultura convencional** emplea distintas estrategias para mejorar sus resultados, pero actualmente el objetivo productivo no puede ser el único a alcanzar. Además de mejorar rendimiento, se debe preservar la calidad de los servicios que brindan los ecosistemas, puesto que normalmente el incremento en la producción se ha obtenido en detrimento de éstos (Tian et al., 2018). Los impactos que genera la agricultura vienen dados, por un lado, por la propia expansión de las tierras agrícolas que sustituyen los ecosistemas naturales, y, por otro, por la intensificación de las producciones mediante la mecanización, el riego y el empleo de sustancias químicas tales como fertilizantes y productos fitosanitarios (Foley et al., 2011).

El **regadío** es un elemento fundamental y crítico para la agricultura en zonas áridas y semiáridas, tanto para asegurar cosechas en invierno como para producir cultivos de alto valor económico en verano, que en situaciones de secano serían inviables (Fernández, 2006). La viabilidad de muchos regadíos está en riesgo debido a la competencia con el suministro de agua para fines industriales y urbanos, la falta de drenaje, la presencia de niveles freáticos elevados y la salinización del suelo y aguas subterráneas (Greendland et al., 2018, Schoups et al., 2005). La cantidad y calidad de los flujos de retorno de riego a aguas superficiales y subterráneas suelen tener un alto contenido en sal, nutrientes, minerales y pesticidas superior a las aguas de origen, lo que afecta negativamente a los sistemas naturales y también al suministro de agua potable (Tilman et al., 2011). Aproximadamente un tercio de la superficie agrícola regada del mundo ha visto reducido su rendimiento productivo como consecuencia del mal manejo del riego y la salinidad progresiva de las aguas de riego (FAO, 1998).

Según Khan et al. (2006) los desafíos a los que se enfrenta el regadío son: i) lograr un uso más eficiente de los recursos empleados para la producción agraria; ii) favorecer un mayor aprovechamiento del agua por parte de la planta, de forma que se produzcan ahorros reales de agua de riego que puedan emplearse para equilibrar las demandas ambientales; y iii) mejorar la calidad y disminuir la cantidad de agua de drenaje con tal de reducir los impactos a los ecosistemas adyacentes. Por lo tanto, es fundamental cambiar el enfoque de la agricultura de regadío convencional hacia un manejo más racional del riego. Los retos planteados deben afrontarse de una forma que se pueda minimizar las posibles consecuencias negativas a largo plazo y, para ello, es primordial considerar el concepto **sostenibilidad**. En el desarrollo sostenible prevalecen las políticas y las acciones que permiten un crecimiento económico compatible con la protección del medioambiente y de la sociedad. La agricultura convencional se ha centrado en la cuantificación del rendimiento productivo y muy poco en aspectos ambientales, quedando la dimensión social como una componente accesoria (Sánchez, 2009). El esquema representado en la figura 3 muestra los elementos clave del desarrollo sostenible: uso responsable de los recursos naturales; eficiencia económica y cohesión; y progresos sociales, potenciando la sinergia de los tres aspectos (Munasinghe, 1993; Ayala-Carcedo, 1998).

En esta figura aparece también vinculada la **agricultura sostenible** mediante el nexo agua-energía-alimentos. Como también lo hace el concepto primigenio, la agricultura sostenible propugna el uso eficiente de los recursos naturales con el fin de salvaguardar el medio ambiente y proporcionar rendimientos productivos que permitan satisfacer la necesidad de alimentos de una población en continuo aumento (Tilman et al., 2002). La evaluación de la sostenibilidad de los elementos del nexo agua-energía-alimentos es esencial para identificar las vulnerabilidades en los agroecosistemas actuales, de forma que se puedan adoptar medidas enfocadas a mejorar los sistemas de producción (Altieri et al., 2017).

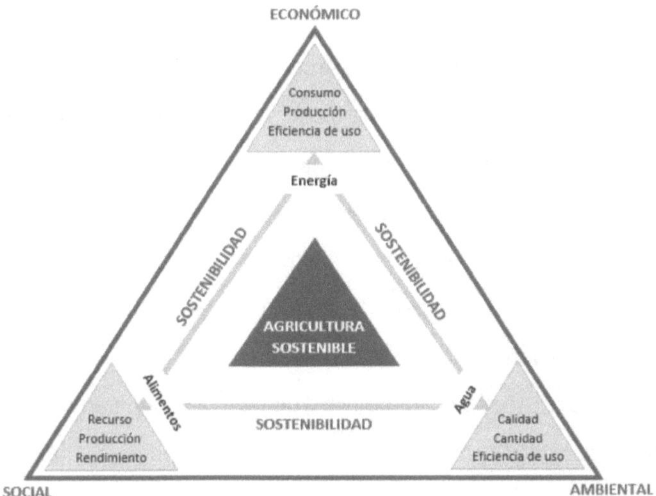

Fig. 3. *Triángulo de la sostenibilidad y de la agricultura sostenible. Componentes clave e interrelación. Adaptado de Munasinghe, 1993 y Tian el al., 2018.*

Basar la agricultura en un desarrollo sostenible permite satisfacer la creciente demanda de alimentos sin hipotecar los recursos hídricos disponibles ni la seguridad energética. El desequilibrio entre la oferta y la demanda de recursos en los agroecosistemas, si no se aborda desde un punto de vista de la eficiencia del uso, conducirá a un aumento de problemas económicos, sociales y medioambientales. En el marco actual, la gestión de los regadíos debe basarse en unos ejes que favorezcan el desarrollo de una economía basada en el conocimiento y la innovación y, que promuevan una economía más competitiva que haga un uso más eficaz de los recursos (MAPA, 2019a). Para tales fines, la gestión sostenible debe reflejar el mantenimiento y mejora de las estructuras agrarias.

Los Objetivos de Desarrollo Sostenible definidos por la ONU (2019) establecen los principios clave para guiar el **desarrollo estratégico** hacia la sostenibilidad de la agricultura: i) mejorar la eficiencia en el uso de los recursos; ii) introducir acciones directas para conservar, proteger y mejorar los recursos naturales; iii) considerar insostenible la agricultura que no logra proteger y mejorar los medios de vida rurales y el bienestar social; iv) aumentar la resiliencia de las personas, de las comunidades y de los ecosistemas, sobre todo al cambio climático y a la volatilidad del mercado; y v) promover acciones favorables a la los sistemas naturales y humanos. Para hacer frente al gran ritmo de cambio y a la creciente incertidumbre, hay que concebir la sostenibilidad como un proceso, y no como un punto final determinado que hay que alcanzar. Esto, a su vez, requiere el desarrollo de marcos de gobernanza, de financiación, técnicos y políticos, que apoyen a los productores agrícolas y a los gerentes de recursos involucrados en un proceso dinámico de innovación (FAO, 2019b).

En conclusión, la agricultura sostenible debe maximizar los beneficios netos que la sociedad recibe de los ecosistemas. Para ello es necesario alcanzar mayores rendimientos en los cultivos, mayor eficiencia en el uso de nitrógeno, fósforo y agua e implementar prácticas respetuosas con el medio ambiente. (Tilman et al., 2011). Para mejorar la eficiencia de uso de los recursos agrícolas se deben emplear nuevas vías de intensificación más sostenibles, que deben centrarse en los puntos críticos de baja eficiencia, tales como el inadecuado manejo del agua en la agricultura de regadío (Foley et al., 2011).

1.3.   Eficiencia del uso del agua

En este contexto, el **manejo** que se haga del riego será el principal determinante de la calidad y cantidad de las cosechas obtenidas. Además del efecto directo en las cosechas que supondría un mal manejo del riego, una mala gestión de los recursos hídricos disponibles puede tener también graves repercusiones medioambientales y socioeconómicas. El aprovechamiento del agua disponible en cultivos de secano es bastante bajo, pudiendo rondar el 15 – 30% o incluso caer hasta valores del 5% (Wallace, 2000; Rockstrom and Falken Mark, 2000). Algunos estudios establecen la fracción de agua de riego empleada para la transpiración de la planta no alcanza el 20% del total (Wallace and Gregory, 2002) por lo que el manejo del agua se impone como un elemento clave en las estrategias de riego sostenible.

Hasta la década de los noventa, en España, las políticas hídricas se centraron en incrementar la capacidad de generar nuevos recursos hídricos mediante la construcción de embalses. A partir de 1996 se comenzaron a adoptar medidas para optimizar la demanda y, hoy día, la eficiencia en el uso del agua constituye el pilar de los planes de regadíos (López-Gunn et al., 2012). En los últimos años se han realizado grandes esfuerzos económicos para dotar a las comunidades de regantes (CCRR, conjunto de parcelas que comparten infraestructuras para el uso colectivo del agua de riego) con instalaciones hidráulicas eficientes. Además, se han introducido nuevas tecnologías como el riego localizado o a presión lo cual, aunque ha ido acompañado de un aumento de las necesidades energéticas, ha contribuido a incrementar la eficiencia en las parcelas, ya que se ha conseguido reducir el componente evaporativo no aprovechado por las plantas (Fereres et al., 2003). Sin embargo, no se ha hecho tanto hincapié en optimizar la programación del riego (dosis y frecuencia del agua a aportar) para utilizar los recursos hídricos disponibles de una forma más eficiente.

Son múltiples los **indicadores** que permiten caracterizar la calidad del manejo del riego y cuantificar el potencial de mejora en términos de eficiencia y productividad del agua (Kalu et al. 1995; Malano and Burton, 2001). Estos índices permiten evaluar el suministro de agua, la eficiencia del uso del agua, la sostenibilidad del riego, los aspectos ambientales, la socioeconomía y la gestión (Bos, 1997). La eficiencia de cualquier proceso se determina a través de la relación de elementos de entrada (recursos) y salida (productos) determinados en unidades cuantitativas (Hsiao et al., 2007). En el ámbito del riego, el cociente entre las necesidades de agua de la planta, obtenido a través de la determinación de la evapotranspiración, y la extracción real de agua se denomina **eficiencia del uso del agua** (EUA) (Sarma y Rao, 1997; Droogers et al., 2000). También se ha definido a nivel biológico como el cociente entre los carbohidratos formados con la fotosíntesis y la transpiración (Sinclair et al., 1984). Este indicador persigue mantener la productividad de las plantaciones aplicando cantidades menores de agua o reduciendo el consumo de las plantas. La EUA puede ser considerada a distintas escalas organizativas y temporales, abarcando desde el cultivo hasta la hoja (Medrano et al., 2007). La eficiencia de un sistema dado se puede desglosar en sus componentes desde una aproximación sistemática y cuantitativa (Hsiao et al., 2007):

$$EUA = E_{hidráulica} \times E_{aplicación} \times E_{transpiración} \times E_{asimilación} \times E_{crecimiento} \times E_{cosecha}$$

Cada eficiencia reflejada en la ecuación representa las siguientes ratios:

$E_{hidráulica}$: agua captada en la fuente y recibida en parcela

$E_{aplicación}$: agua recibida en parcela y evapotranspirada

$E_{transpiración}$: agua evapotranspirada y transpirada por la planta

$E_{asimilación}$: agua transpirada y CO_2 asimilado por la planta

$E_{crecimiento}$: CO_2 asimilado y materia fresca acumulada por la planta

$E_{cosecha}$: materia fresca acumulada por la planta y producción obtenida

Existe una relación entre cada una de las eficiencias individuales y la eficiencia global, ya que la componente de salida de una ratio se convierte en la entrada del siguiente. De esta forma, cualquier mejora en las componentes de la EUA, supone una mejora global del sistema. Por lo tanto, para incrementar la EUA pueden llevarse a cabo actuaciones que comprenden desde la eficiencia hidráulica hasta llegar a lo que puede definirse como eficiencia de cosecha, en el sentido de optimizar el reparto de biomasa hacia los órganos cosechables de las plantas.

Las principales **vías para mejorar la eficiencia** en la agricultura de regadío se pueden clasificar en cuatro aspectos de la gestión del agua (Howell et al., 2001):

— Agronómica: impulsar un manejo del cultivo que mejore el aprovechamiento del agua de lluvia; reducir las pérdidas de drenaje, siempre que se compatibilice con el manejo de la salinidad; reducir la evaporación mediante el uso de acolchados, desplazar la época de siembra hacia periodos del año con menor demanda evaporativa, adopción de sistemas de riego localizado, uso de mayores densidades de plantación y empleo de variedades mejoradas; y, en general, emplear estrategias avanzadas de cultivo que mejoren el aprovechamiento del agua.

— Ingenieril: implementar sistemas de riego que reduzcan las pérdidas de agua en su transporte, aplicación y mejorar la uniformidad de distribución y, utilizar sistemas de cultivo que pueden mejorar la intercepción de las precipitaciones.

— Manejo: realizar programaciones de riego basadas en la demanda real de los cultivos; aplicar riegos deficitarios para, entre otros, promover una extracción más profunda del agua del suelo e incrementar el índice de cosecha; y llevar a cabo un mantenimiento preventivo de equipos para reducir problemas en su funcionamiento.

– Institucional: promover la participación de los usuarios en la gestión y mantenimiento de las estructuras comunes de riego; introducir incentivos económicos para reducir el uso del agua y en contrapartida, imponer sanciones por uso ineficiente; y realizar acciones formativas y de transferencia sobre técnicas eficientes en el manejo del agua a todos gestores del recurso.

En definitiva, las actuaciones se deberían centrar en aumentar la producción por unidad de agua, reducir las pérdidas de agua a los sumideros no utilizables, reducir la degradación del agua y, de esta forma, poder reasignarla a usos de mayor prioridad.

1.4.   Agricultura inteligente: digitalización.

La tecnología juega un papel fundamental en cualquier planteamiento que persiga una mejora de la EUA. En este contexto, se hace imprescindible la **digitalización** del sector agrario mediante la incorporación de nuevas tecnologías que vinculen la toma de decisiones, orientadas hacia un manejo eficiente del riego con el uso de dispositivos que recopilen grandes cantidades de datos de variables medioambientales. La clave del éxito en la inclusión de equipos de adquisición de datos reside en la capacidad de éstos de comunicarse entre sí. Esta red de tecnologías digitales se conoce como Internet de las Cosas (IoT) y permite conectar el mundo real con las tecnologías de comunicación inalámbrica, como son las redes de sensores inalámbricos (RSI) (Ashton, 2009) formadas por equipos autónomos que recopilan, almacenan y comunican datos referentes a algún fenómeno de interés (Córdoba y Buitrago, 2013).

La implementación de IoT en la agricultura persigue dos objetivos fundamentales (Ma et al., 2011): i) ampliar el conocimiento de los factores que afectan al desarrollo de los cultivos empleando instrumentos de observación y, ii) mejorar las prácticas agrícolas llevadas a cabo reforzando los vínculos entre los avances tecnológicos y el manejo de los cultivos. La **sensorización** de los cultivos supone el paso definitivo para la transformación del modelo tradicional de producción de alimentos hacia una Agricultura 4.0, que dote a los profesionales del campo de herramientas suficientes para incrementar sus rendimientos minimizando las afecciones medioambientales. Sin embargo, la implementación de la tecnología IoT en un ámbito tan particular como el agrícola, debe cumplir ciertos requisitos para poder considerarse viable (Ma et al., 2011):

- Fiabilidad: Las redes de sensores deben funcionar de manera adecuada en los entornos donde se encuentren instalados, normalmente ubicados al aire libre.
- Longevidad: Los equipos deben operar durante un largo período de tiempo sin necesidad de reemplazar sus baterías con frecuencia.
- Manejo: Las redes de sensores deben ser accesibles de manera remota para que las acciones como el diagnóstico, la reconfiguración y la actualización del software se puedan realizar fácilmente.

- Interoperabilidad: Los sistemas deben disponer de configuraciones que permitan la integración de los distintos sensores en redes más amplias.
- Bajo coste: Los equipos deben ser asequibles para los usuarios de forma que su implementación pueda amortizarse en un período de tiempo razonable.

Nos encontramos en un contexto que cuenta con dos factores de impulso para la digitalización del sector agroalimentario y el medio rural: la existencia de tecnologías habilitadoras (IoT) que pueden ser adaptadas a los requerimientos del sector agroalimentario y, la disponibilidad de tecnologías (RSI) accesibles y fiables dentro del sector. Además, independientemente de los beneficios productivos y medioambientales que proporciona estos avances tecnológicos, la digitalización puede suponer una importante oportunidad para la viabilidad de las zonas rurales, permitiendo nuevas oportunidades de emprendimiento y mejorando las condiciones de vida de sus habitantes, impulsando además el relevo generacional del sector agrario (MAPA, 2019b).

Más del 80% del regadío español se aglutina en CCRR (FENACORE, 2019) que gestionan de forma colectiva las aguas públicas destinadas a regadíos. La tecnología IoT se presenta como una solución inteligente a los muchos retos a los que se enfrentan las CCRR en la racionalización del uso del agua y la energía, con la dificultad añadida que supone la gestión colectiva de los recursos. La digitalización en el ámbito del regadío debe aportar respuestas basadas en tecnologías de riego más eficientes, sistemas de control del agua y de parámetros ambientales, mediante el telecontrol y monitorización de las redes que permitan una evaluación en tiempo real de las necesidades de agua de los cultivos (Goap et al., 2018). En este sentido, es fundamental que la tecnología vaya de la mano de la capacitación de técnicos y regantes, por lo que se hace necesario que cuenten con la formación y asesoramiento que les conduzcan a una correcta toma de decisiones (Playan et al. 2018).

1.5. Contextualización: agricultura de regadío en el área de estudio.

El trabajo se desarrolla en la Comunidad Valenciana, región situada en el este de la península ibérica. La agricultura de la Comunitat Valenciana se caracteriza por su alta especialización en cultivos de regadío, tanto a nivel productivo como a nivel de exportación. Gran parte de la agricultura valenciana se desarrolla bajo un clima semiárido, donde el manejo del riego es la práctica de cultivo que más puede influir sobre la producción, viabilidad y calidad de las cosechas. El regadío valenciano representa un 70% de la producción final agraria, y contribuye en un 80% a las exportaciones agrarias valencianas, teniendo además un fuerte arraigo social (GVA, 2018). Por este motivo, en los últimos 40 años se han realizado grandes esfuerzos económicos por parte de administraciones y regantes para modernizar las infraestructuras de riego, incrementando notablemente la capacidad de almacenamiento del recurso, así como la eficiencia en la conducción y distribución del agua. Se ha producido un fuerte aumento de la superficie de riego localizado en los últimos 10 años (24,1%) y un descenso de la de riego por gravedad (32,7%). En concreto, desde 2015 a 2017 la superficie de riego localizado se ha incrementado un 3,7% y la superficie regada por gravedad ha disminuido un 5,0% (GVA, 2018). Todo ello ha elevado a los regadíos valencianos como los más eficientes del estado español.

Los datos confirman que el consumo de agua por hectárea es menor utilizando riego localizado que riego por gravedad. Así, el consumo medio de agua por riego localizado de los años 2013-2016 ha sido aproximadamente la mitad del consumo de agua de riego por gravedad (GVA, 2018). Sin embargo, los distintos actores implicados en la gestión del agua coinciden en que el regadío valenciano necesita de una segunda modernización que tenga en cuenta pautas de riego eficiente y se integren de manera efectiva en las prácticas de cultivo. Para ello es imprescindible mejorar las actuales técnicas de riego para conseguir una agricultura rentable, sostenible y generadora de producciones seguras y de calidad. Además, la extrema competencia en la producción primaria en el contexto de un mercado globalizado, el aumento de los costes energéticos, la inherente componente medioambiental de la actividad agraria así como la amenaza que para el medio rural suponen los efectos del cambio climático determinan una, cada vez mayor, necesidad de favorecer el acceso a los usuarios del agua de riego a información de calidad, asesoramiento y herramientas prácticas, que permitan la mejora de la eficiencia en la utilización del recurso.

Referencias

Altieri, M. A., Nicholls, C. I., Montalba, R. 2017. Technological approaches to sustainable agriculture at a crossroads: an agroecological perspective. Sustainability, 9(3), 349.

Ashton, K. 2009. That 'internet of things' thing. RFID journal, 22(7), 97-114.

Assouline, S., Russo, D., Silber, A., Or, D. 2015. Balancing water scarcity and quality for sustainable irrigated agriculture. *Water Resources Research, 51*(5), 3419-3436.

Ayala-Carcedo, F. 1998. Desarrollo Sostenible: un paradigma global para una era de globalización. Tecno Ambiente Vol. 82 (1).

Barnosky, A. D., Hadly, E. A., Bascompte, J., Berlow, E. L., Brown, J. H., Fortelius, M., Martinez, N. D. 2012. Approaching a state shift in Earth's biosphere. Nature, 486(7401), 52.

Bos, M. G. 1997. Performance indicators for irrigation and drainage. Irrigation and drainage systems, 11(2), 119-137.

Camuffo, D., Bertolin, C., Barriendos, M., Dominguez-Castro, F., Cocheo, C., Enzi, S., Sghedoni, M., della Valle, A., Garnier, E., Alcoforado, M.-J., Xoplaki, E., Luterbacher, J., Diodato, N., Maugeri, M., Nunes, M.F., Rodriguez, R. 2010. 500-year temperature reconstruction in the

Mediterranean Basin by means of documentary data and instrumental observations. Climatic Change, 101(1-2), 169-199.

Córdoba, D. M. A., Buitrago, F. A. S. 2013. Estado del arte de las redes de sensores inalámbricos. Tecnología Investigación y Academia, 1(2).

De Jong, C., Lawler, D., Essery, R. 2009. Mountain hydroclimatology and snow seasonality—perspectives on climate impacts, snow seasonality and hydrological change in mountain environments. *Hydrological Processes: An International Journal, 23*(7), 955-961.

Droogers, P., Kite, G., Murray-Rust, H. 2000. Use of simulation models to evaluate irrigation performance including water productivity, risk and system analyses. Irrigation Science, 19(3), 139-145.

FAO, 1998. News & highlights. International coalition focuses on research and technology to help farmers in developing countries grow ''more crop per drop''.

FAO. 2019a. Food and Agriculture Organization of the United Nations web. Objetivos de Desarrollo Sostenible. Acceso el 01/03/2019.

FAO. 2019b. Food and Agriculture Organization of the United Nations web. Aquastat. FAO's Global Information System on Water and Agriculture. Acceso el 05/09/2019.

FENACORE, 2019. Federación Nacional de Comunidades de Regantes de España. http://www.fenacore.org/. **Consulta 11/11/19.**

Fereres, E., Goldhamer, D. A., Parsons, L. R. 2003. Irrigation water management of horticultural crops. HortScience, 38(5), 1036-1042.

Fernández, M. D. F. 2006. Eficiencia en el uso del agua en distintos sistemas hortícolas. Tecno ambiente: Revista profesional de tecnología y equipamiento de ingeniería ambiental, 16(160), 131-134.

Fernández-Montes, S., Gómez-Navarro, J. J., Rodrigo, F. S., García-Valero, J. A., Montávez, J. P. 2017. Covariability of seasonal temperature and precipitation over the Iberian Peninsula in high-resolution regional climate simulations (1001–2099). *Global and planetary change, 151*, 122-133.

Foley, J. A., Ramankutty, N., Brauman, K. A., Cassidy, E. S., Gerber, J. S., Johnston, M., Balzer, C. 2011. Solutions for a cultivated planet. Nature, 478(7369), 337.

García-Ruiz, J. M., López-Moreno, J. I., Vicente-Serrano, S. M., Lasanta–Martínez, T., & Beguería, S. 2011. Mediterranean water resources in a global change scenario. *Earth-Science Reviews, 105*(3-4), 121-139.

Giorgi, F. 2006. Climate change hot-spots. *Geophysical research letters, 33*(8).

Giorgi, F., Lionello, P. 2008. Climate change projections for the Mediterranean region. Global and planetary change, 63(2-3), 90-104.

Goap, A., Sharma, D., Shukla, A. K., Krishna, C. R. 2018. An IoT based smart irrigation management system using Machine learning and open source technologies. Computers and electronics in agriculture, 155, 41-49.

Greenland, S. J., Dalrymple, J., Levin, E., O'Mahony, B. 2018. Improving Agricultural Water Sustainability: Strategies for Effective Farm Water Management and Encouraging the Uptake of Drip Irrigation. In The Goals of Sustainable Development (pp. 111-123). Springer, Singapore.

GVA, 2018. El regadío de la Comunidad Valenciana. Servicio de Documentación, Publicaciones y Estadística Departamental. Consellería d'Agricultura, Media Ambient, Canvi Climàtic i Desenvolupament Rural. Generalitat Valenciana.

Hansen, J., Sato, M., Ruedy, R., Lo, K., Lea, D. W., Medina-Elizade, M. 2006. Global temperature change. Proceedings of the National Academy of Sciences, 103(39), 14288-14293.

Howell, T. A. 2001. Enhancing water use efficiency in irrigated agriculture. Agronomy journal, 93(2), 281-289.

Hsiao, T. C., Steduto, P., & Fereres, E. 2007. A systematic and quantitative approach to improve water use efficiency in agriculture. Irrigation science, 25(3), 209-231.

IGN. 2019. Intituto Geográfico Nacional página web. Acceso el 18/01/2019.

INE. 2019. Estadísticas sobre el uso del agua. Volumen de agua usado por técnica de riego - Año 2016. Acceso el 22/12/2018.

IPCC, 2014. Climate Change 2014: Synthesis Report. Contribution of Working Groups I, II and III to the Fifth Assessment Report of the Intergovernmental Panel on Climate Change [Core Writing Team, R.K. Pachauri and L.A. Meyer (eds.)]. IPCC, Geneva, Switzerland, 151 pp.

IPCC, 2018. Summary for Policymakers. In: Global warming of 1.5°C. An IPCC Special Report on the impacts of global warming of 1.5°C above pre-industrial levels and related global greenhouse gas emission pathways, in the context of strengthening the global response to the threat of climate change, sustainable development, and efforts to eradicate poverty [V. Masson-Delmotte, P. Zhai, H. O. Pörtner, D. Roberts, J. Skea, P.R. Shukla, A. Pirani, W. Moufouma-Okia, C. Péan, R. Pidcock, S. Connors, J. B. R. Matthews, Y. Chen, X. Zhou, M. I. Gomis, E. Lonnoy, T. Maycock, M. Tignor, T. Waterfield (eds.)]. World Meteorological Organization, Geneva, Switzerland, 32 pp.

Kalu, I. L., Paudyal, G. N., Gupta, A. D. 1995. Equity and efficiency issues in irrigation water distribution. Agricultural water management, 28(4), 335-348.

Khan, S., Tariq, R., Yuanlai, C., Blackwell, J. 2006. Can irrigation be sustainable? Agricultural Water Management, 80(1-3), 87-99.

Lionello, P., Abrantes, F., Congedi, L., Dulac, F., Gacic, M., Gomis, D., Goodess, C., Hoff, H., Kutiel, H., Luterbacher, J., Planton, S., Reale, M., Schröder, K., Struglia, M.V., Toreti, A., Tsimplis, M., Ulbrich, U., Xoplaki, E. 2012. Introduction: Mediterranean Climate: Background Information. In: Lionello, P. (Ed.), The Climate of the Mediterranean Region. From the Past to the Future, Amsterdam. Elsevier, NETHERLANDS XXXV-IXXX, ISBN:9780124160422.

Lopez-Gunn, E., Zorrilla, P., Prieto, F., & Llamas, M. R. 2012. Lost in translation? Water efficiency in Spanish agriculture. *Agricultural Water Management, 108*, 83-95.

Ma, J., Zhou, X., Li, S., Li, Z. 2011. Connecting agriculture to the internet of things through sensor networks. International Conference on Internet of Things and 4th International conference on Cyber, Physical and Social Computing (pp. 184-187). IEEE.

Malano, H., Burton, M. 2001. Guidelines for benchmarking performance in the irrigation and drainage sector. (International Programme for Technology and Research in Irrigation and Drainage) FAO, Rome.

MAPA, 2019b. Ministerio de Agricultura, Pesca y Alimentación. Agenda para la Digitalización del sector Agroalimentario y Forestal y el Medio Rural. Acceso el 05/08/2019.

MAPA. 2001. Plan Nacional de Regadíos. Horizonte 2008. Ministerio de Agricultura, Pesca y Alimentación, 1-486.

MAPA. 2019a. Ministerio de Agricultura Pesca y Alimentación. Gestión sostenible de regadíos. Acceso el 30/01/2019.

Medrano Gil, H., Bota Salort, J., Cifre Llompart, J., Flexas Sans, J., Ribas Carbó, M., Gulías León, J. 2007. Eficiencia en el uso del agua por las plantas.

Monteith, J. L., Evaporation and environment. 1965. Proceedings 19th Symposium Society for Experimental Biology, pp. 205-233, Soc. For Exp. Biol., Lancaster, England.

Munasinghe, M. 1993. Environmental economics and sustainable development. The World Bank.

Nicault, A., Alleaume, S., Brewer, S., Carrer, M., Nola, P., Guiot, J. 2008. Mediterranean drought fluctuation during the last 500 years based on tree-ring data. *Climate Dynamics, 31*(2-3), 227-245.

Nogués - Bravo, D., Araújo, M. B., Lasanta, T., Moreno, J. I. L. 2008. Climate change in Mediterranean mountains during the 21st century. *AMBIO: A Journal of the Human Environment, 37*(4), 280-285.

Penman, H. L. (1948). Natural evaporation from open water, bare soil and grass. Proceedings of the Royal Society of London. Series A. Mathematical and Physical Sciences, 193(1032), 120-145.

Playán, E., Salvador, R., Bonet, L., Camacho, E., Intrigliolo, D. S., Moreno, M. A., ... & Sánchez-de-Ribera, A. (2018). Assessing telemetry and remote-control systems for water users' associations in Spain. Agricultural Water Management, 202, 89-98.

Rockström, J., Falkenmark, M. 2000. Semiarid crop production from a hydrological perspective: gap between potential and actual yields. Critical reviews in plant sciences, 19(4), 319-346.

Sanchez, G. F. 2009. *Análisis de sostenibilidad agraria mediante indicadores sintéticos: aplicación empírica para sistemas agrarios de castilla y león* (Doctoral book, Universidad Politécnica de Madrid).

Sarma, P. B. S., Rao, V. V. 1997. Evaluation of an irrigation water management scheme—a case study. Agricultural water management, 32(2), 181-195.

Schoups, G., Hopmans, J. W., Young, C. A., Vrugt, J. A., Wallender, W. W., Tanji, K. K., Panday, S. 2005. Sustainability of irrigated agriculture in the San Joaquin Valley, California. Proceedings of the National Academy of Sciences, 102(43), 15352-15356.

Sinclair, T. R., Tanner, C. B., Bennett, J. M. 1984. Water-use efficiency in crop production. Bioscience, 34(1), 36-40.

Tian, H., Lu, C., Pan, S., Yang, J., Miao, R., Ren, W., Yu, Q., Fu, B., Jin, F.F., Lu, Y., Melillo, J., Ouyang, Z., Palm, C. Reilly., J. 2018. Optimizing resource use efficiencies in the food – energy – water nexus for sustainable agriculture: from conceptual model to decision support system. Current Opinion in Environmental Sustainability, 33, 104-113.

Tilman, D., Balzer, C., Hill, J., Befort, B. L. 2011. Global food demand and the sustainable intensification of agriculture. Proceedings of the National Academy of Sciences, 108(50), 20260-20264.

Tilman, D., Cassman, K. G., Matson, P. A., Naylor, R., Polasky, S. 2002. Agricultural sustainability and intensive production practices. Nature, 418(6898), 671.

UN 2017. United Nations, Department of Economic and Social Affairs, Population Division. World Population Prospects: The 2017 Revision, Key Findings and Advance Tables. Working Paper No. ESA/P/WP/248.

Viviroli, D., Dürr, H. H., Messerli, B., Meybeck, M., Weingartner, R. 2007. Mountains of the world, water towers for humanity: Typology, mapping, and global significance. *Water resources research, 43*(7).

Wallace, J. S. 2000. Increasing agricultural water use efficiency to meet future food production. Agriculture, ecosystems & environment, 82(1-3), 105-119.

Wallace, J. S., Gregory, P. J. 2002. Water resources and their use in food production systems. Aquatic Sciences, 64(4), 363-375.

CAPÍTULO II

Diseño agronómico de la

instalación de riego

Assessment of yield and water productivity of Clementine trees under surface and subsurface drip irrigation

M.A. Martínez-Gimeno[1], L. Bonet[2], G. Provenzano[3], E. Badal[2], D.S. Intrigliolo[1,2] and C. Ballester[4]

[1]Center for Applied Biology and Soil Sciences (CEBAS), Murcia, Spain; [2]Valencian Institute for Agricultural Research (IVIA), Unidad Asociada al CSIC "Riego en la agricultura mediterránea" Valencia, Spain; [3]Department of Agricultural, Food and Forest Sciences, University of Palermo (UNIPA), Palermo, Italy; [4]Centre for Regional and Rural Futures (CeRRF), Deakin University, Griffith, NSW, Australia.

1.   Introduction

According to data from the Food and Agriculture Organization (www.fao.org), two-thirds of the world population are expected to live in regions with water stress conditions by 2025 (between 500 and 1000 m^3 per year per capita). Agriculture, which is the largest water-consuming sector, has to adopt methods and strategies to improve crop sustainability (Provenzano et al., 2014). Using irrigation techniques that allow water savings without significantly reducing crop yield, maximizing economic benefits and protecting environmental quality, have been proposed as a possible strategy to approach this challenge (Rodriguez-Sinobas et al., 2016).

Spain is one of the largest citrus producers in Europe, with annual productions higher than 5 million tonnes during the last decade (www.fao.org). The main citrus producing region is the Valencian Community with nearly 3 million tons per year, which is equivalent to 60% of the Spanish citrus production (http://gipcitricos.ivia.es/citricultura-valenciana). Because of the semi-arid climate of the area and the high crop water requirements, there is a growing interest among farmers in implementing strategies aimed to improve the sustainability of the citrus production. Adoption of efficient irrigation systems associated to water saving strategies, based on either simple periodic estimations of the soil water balance terms or precise assessments of temporal and spatial distribution of water exchange processes within the soil-plant-atmosphere system (Provenzano et al., 2013), may lead to improve crop sustainability.

Compared to other irrigation methods, drip irrigation systems provide the possibility to apply lower volumes of water, more frequently and efficiently. If well designed, these systems make it possible to apply slow, steady and uniform amounts of water and nutrients within the plant's root zone, while minimizing deep percolation and maintaining high productivity levels (Rallo et al., 2011).

During the last decades, the interest in the use of subsurface drip irrigation (SSI) in woody perennial crops has increased. SSI has been suggested as a promising strategy for a sustainable water management in semiarid regions (Consoli et al., 2014). In this irrigation system, water can be uniformly applied directly to the root zone while maintaining a dry soil surface, thus, minimizing the water loss from evaporation and preventing weeds' growth (Provenzano, 2007). SSI has been shown to preserve water in comparison to surface drip irrigation (SI) without compromising yield, increasing then water use efficiency (Consoli et al., 2014; Robles et al., 2016; Zhang et al., 2017).

Nevertheless, the adoption of SSI has been also associated to some inconveniences such as a high initial cost, potential for rodent damage, salt accumulation between the drip lines and soil surface, and particularly, high potential for emitter plugging (Phene et al., 1986 and 1993; Phene, 1995).

In drip irrigation systems, the number of emitters per plant determine the number and dimensions of the wetted bulbs, in which roots are mainly concentrated. Root growth conditions inside the wetting bulbs are considered close to the optimum, as water and nutrients are readily available to the plant as result of the high-frequency irrigation (Pereira et al., 2010). In tree crops, the number of emitters per plant and the spacing between them can be flexible, as long as an adequate volume of root zone is provided with enough water to meet canopy water requirement (Evans et al., 2007). Smaller the emitter spacing, bigger the soil wetted volume and higher is the crop water availability (Shan et al., 2011). Recently, García-Tejera et al. (2017) concluded that under deficit irrigation, the wetted area on the soil surface should be reduced in order to decrease soil evaporation while under full irrigation, at least 30-40% of the allotted soil per tree should be wetted to maximize trees' transpiration. A reduced volume of wetted soil implies that a greater fraction of the root system is in dry soil, particularly towards the end of the season. This is the reason why in horticultural studies, lower midday stem water potential (Ψ_{stem}) values have been often observed under drip irrigation (Lampinen et al., 2001; Intrigliolo and Castel, 2005) than under furrow irrigation (McCutchan and Shackele, 1992; Fereres and Goldhamer, 2003).

The main objective of this work was to assess the performance of citrus trees in terms of plant water status, yield, fruit quality and irrigation water productivity when: i) trees were grown under SI and SSI; ii) soil wetted volume was modified by doubling, from 7 to 14, the number of emitters per plant in both irrigation systems, and; iii) an additional third line was added in the SSI treatment between tree rows.

2. Materials and methods

2.1. Experimental plot

The study was conducted during 2014, 2015 and 2016 in a commercial citrus orchard planted with *Citrus clementina*, Hort. ex Tan. 'Arrufatina', located in Alberique (39º 7' 31.33" N, 0º 33' 17.06" W), Valencia, Spain. Trees were grafted onto Citrange Carrizo (*Citrus sinensis*, Osb. x *Poncirus trifoliata*,

Raf.) and planted at spacing of 5.50 m x 4.25 m. At the beginning of the experiment, the canopy ground cover (GC) was equal, on average, to 39.4±4.1%.

The soil was loam to sandy clay loam texture with percentages of sand, silt, and clay ranging from 34.4 to 51.6%, 22.6 to 38.4% and 21.8 to 33.8%, respectively, within the orchard. Soil organic matter was on average 1.25% and total organic carbon 0.73%. Irrigation water had, on average for the three seasons, an electrical conductivity of 1.33 dS m^{-1} and pH equal to 7.9 at 25°C.

Fig 1. Experimental plot image (Alberic, Valencia) from Google Earth.

The irrigation system was installed in March 2014. This included, automatic control valves for each treatment and flow meters to monitor the amount of water applied in each sub-plot during an irrigation event. Trees were provided with 2-3 drip lines depending on the treatment, located either above (on surface, SI treatments) or below the soil surface (subsurface, SSI treatments) at 0.30 m depth, one meter apart from the tree rows. In order to avoid possible differences between SI and SSI treatments due to root damage while installing the drip lines in treatment SSI, one trench at each side of the tree rows was also excavated and filled in the SI treatment simulating what was done to install the SSI system. Other agronomic practices, including standard fertilization, were the same for all the treatments and controlled by the farmer who followed the ordinary management of the surrounding area.

2.2. Irrigation strategies and experimental design

Five irrigation treatments replicated three times (15 sub-plots) were set according to a complete randomized design (Fig. 2). Each sub-plot consisted of four rows of 6-7 trees in which 8-10 central trees were selected for sampling purposes. Within the irrigation treatments, two SI and two SSI treatments were equipped with drip laterals containing 7 (SI_7 and SSI_7) or 14 (SI_{14} and SSI_{14}) emitters (2.2 l h^{-1}) per tree, spaced 1.2 and 0.6 m, respectively. A further SSI treatment (SSI_A), similar to SSI_7, was equipped with an additional drip line located between tree rows so that this treatment had a total of 10-11 emitters per plant.

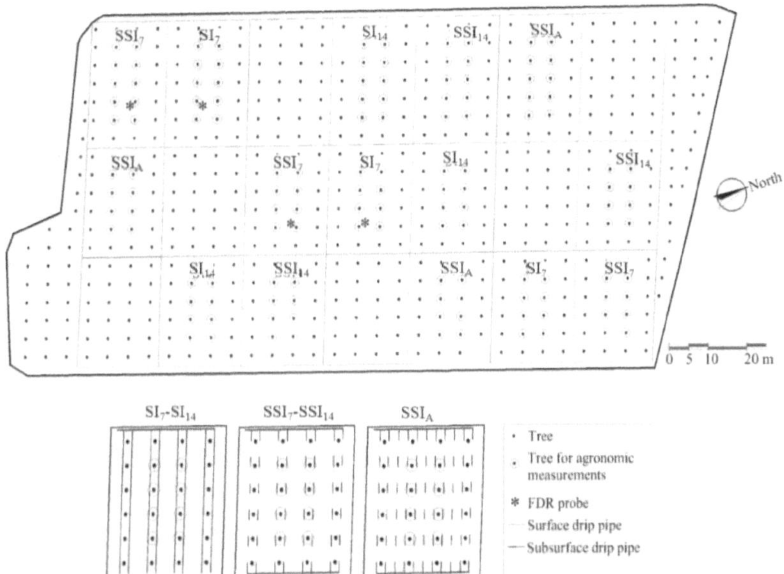

Fig. 2. Experimental layout showing the distribution of treatments in the field and the location of FDR probes and sampled trees. "SI" and "SSI" mean surface and subsurface drip irrigation, respectively, and the subscripts indicate the number of emitters used per tree. "SSI$_A$" refers to the treatment with and additional dripline between tree rows.

Fig. 3. Detail of the work for the installation of the surface and subsurface drip irrigation system.

Irrigation was scheduled based on the crop evapotranspiration, ET_c, estimated with the single crop coefficient approach (Allen et al.,1998) and adjusted by accounting for the dynamic of soil water contents, Ψ_{stem} and weather forecast (temperature, wind speed and rainfall). Reference evapotranspiration (ET_0) was estimated with the Penman-Monteith equation in the version modified by FAO (Allen et al., 1998), by using the meteorological observations acquired by two automatic weather stations located nearby the orchard. According to the canopy ground cover, the seasonal crop coefficient (K_c) was assumed variable from a minimum of 0.36 in May to a maximum of 0.56 in October, in line with the plant physiological stages (Castel, 2000).

The SI treatments were irrigated to provide 100% of ET_c. In the SSI treatments, however, just the 80-85% of ET_c was applied. The 15-20% reduction in water applied in SSI was supposed to be the contribution of soil evaporation to the total ET as reported in other studies (Fereres et al., 2003; Orgaz et al., 2006; Alves et al., 2007). Within the SI and SSI treatments, irrigation timing was then tailored for treatments with different number of emitters per tree in order to provide the same amount of water to all of them. That is, treatments with 14 emitters per tree, for instance, were irrigated half of the time that treatments with 7 emitters per tree.

Citrus fruit have a single sigmoid growth curve that can be divided in three stages (Agustí et al., 2003): i) a first stage of cell division (slow increase in volume); ii) a second stage of cell enlargement (rapid fruit growth), and; iii) a third stage of maturation (lower growth than in the second stage. Precipitation and ET_0 data collected from the weather stations were considered for the whole season as well as for each phase of fruit growth within each year.

2.3. Monitoring soil and plant water status

Frequency domain reflectometry (FDR) water-content-profile probes (EnviroScan, Sentek, Stepney, Australia) were installed in two plots of treatments SI_7 and SSI_7 (Fig. 2) to monitor soil water content at 0.1, 0.3, 0.5 and 0.7 m depths at 30 min time-step.

The FDR probes were located adjacent to the drip irrigation line and at about 0.10 m from the emitter. Measurements were used to monitor that soil water content at 0.1, 0.3 and 0.5 cm ranged between field capacity (Θ_{FC}) and a lower limit of 80% of Θ_{FC} as suggested by Martín de Santa Olalla and De Juan (1993). Readings at 70 cm depth were used to verify that there were no water losses due to deep percolation. Despite FDR probes usually require soil-specific calibration to provide accurate estimates of soil water content, for coarse-textured soils like those characterizing the experimental field, the default calibration equation proposed by the manufacturer can be considered valid and fairly accurate (Provenzano et al., 2015). Thus, FDR probes were not calibrated in this study.

The Ψ_{stem} was measured in six trees per treatment (two trees per each sub-plot) by using a Scholander pressure chamber (Model 600, PMS Instrument Co., USA). Measurements were carried out weekly during the months of high evaporative demand and with a lower frequency during the rest of the season. In each tree, Ψ_{stem} was measured in two mature leaves bagged in aluminum foil bags at least one hour before the measurements (Turner, 1981). These measurements were used to calculate the Water Stress Integral ($S_{\Psi stem}$, MPa·day), that is considered as a link between short-term stress and long-term growth response (Myers, 1988):

$$S_{\Psi stem} = \left| \sum_{i=1}^{t} (\overline{\Psi_{stem_i}} - c\,)n \right|$$

where Ψ_{stem_i} is the mean midday steam water potential at any time interval (i), c is a threshold of Ψ_{stem} below which conditions of water stress occur, and n is the number of days in the interval. The threshold c was defined by assuming the occurrence of mild stress conditions during the year. In particular, a value of -0.9 MPa was assumed from January to May and a value of -1.1 MPa from June to harvest. The use of these thresholds is based on previous research carried out in the area and aimed to test different irrigation regimes (Ballester et al. 2014)

2.4. Yield, irrigation water productivity and fruit quality

Yield (Y), number of fruit per tree (NF) and average fruit fresh weight (FW) were determined at the time of commercial harvest in all the sampled trees (Fig. 2). FW was determined from the total weight and the number of fruits of each tree. Irrigation water productivity (IWP, kg m^{-3}) was calculated as ratio between crop yield and seasonal irrigation volumes applied (Pereira et al., 2012). Fruit quality was measured at harvest by sampling 25 fruits per sub-plot (three independent samples per treatment) randomly collected from all the sampled trees of each treatment. Fruit was weighed, squeezed with a juice machine (Zumonat, Model C-40, Barcelona, Spain) and filtered. Juice titratable acidity (TA) was determined by titration with 0.1 N NaOH (Metrohm, 785 DMP Titrino) and juice total soluble solids content (TSS) was measured with a temperature compensated digital refractometer (Atago, Palette PR-101). The maturity index (MI) was calculated as the ratio between soluble solids and acidity.

2.5. Data analysis

Data were analyzed by the analysis of variance (ANOVA) using Statgraphics X64 and when statistically significant differences were found (p<0.05), means were compared by the Fisher's least significant difference (LSD) test at probability level of p<0.05. The relationships between yield and seasonal irrigation depth were also explored.

3. Results

3.1. Meteorological data and seasonal irrigation volumes

Average precipitation and ET_0 recorded during the three seasons of study as well as for each of the three phases of fruit growth are summarized in Table 1. It was assumed that phase I of fruit growth started on day of the year (DOY) 121 in 2014, on DOY 127 in 2015, and on DOY 124 in 2016. Phase II was considered to cover from DOY 190 to 262 in 2014, from DOY 181 to 258 in 2015, and from DOY 180 to 258 in 2016. Finally, phase III was considered to take place from the end of phase II until harvesting, which occurred on DOY 309, 300 and 295 in 2014, 2015 and 2016, respectively.

Table 1. Precipitation (P) and reference evapotranspiration (ET_0) recorded for the 2014 (day of year, DOY, 1 to 309), 2015 (DOY 1 to 300) and 2016 (DOY 1 to 295) seasons as well as during each of the three phases of fruit growth (from fruit setting to harvest).

	P (mm)				ET_0 (mm)			
	P-I	P-II	P-III	Total	P-I	P-II	P-III	Total
2014	42.8	15.5	74.5	221.9	320.8	358.8	107.3	1083.4
2015	48.5	143.8	95.7	501.8	280.6	404.3	82.8	1041.0
2016	27.6	21.1	78.1	247.8	316.9	385.9	94.5	1061.4

Among years, 2015 was the rainiest year (309.5 mm) with rainfall mainly occurring in phases II and III of the fruit growth. On the other hand, seasonal ET_0 was characterized by a limited variability, with values ranging between 758 to 780 mm for the three years. Average irrigation depths in all treatments were 389.4, 265.4 and 357.6 mm in 2014, 2015 and 2016, respectively, with remarkable differences between treatments compared to SI_7 that was considered as the control (Table 2). On average, SSI treatments allowed achieving water savings of 21.8, 24.7 and 22.4% respectively in 2014, 2015 and 2016, when compared to SI treatments. Among the SSI treatments, the highest water saving with respect to S_7 was obtained in treatment SSI_A (25.3% on average for the three seasons).

Table 2. Values of annual irrigation depth (I) and corresponding percentages compared to $S_7(D_c)$, seasonal yield (Y), number of fruits per tree (NF), fruit fresh weight (FW), irrigation water productivity (IWP), obtained in all treatments during the three years.

Treatment	I (mm)	D_c (%)	Y (kg tree^{-1})	NF (-)	FW (g)	IWP (kg m^{-3})
			2014			
SI_7	451.0 ± 95.4 a[1]	100.0	66.9 ± 24.3 a	636 ± 250.5 a	105.9 ± 7.6 bc	6.3 ± 0.6 a
SI_{14}	445.1 ± 28.0 a	98.7	70.2 ± 20.5 a	656 ± 209.2 a	108.4 ± 6.0 c	6.8 ± 1.2 a
SSI_7	367.0 ± 37.4 ab	81.4	60.3 ± 24.2 a	592 ± 250.2 a	102.6 ± 7.0 ab	7.0 ± 1.1 a
SSI_{14}	348.7 ± 22.9 b	77.3	59.4 ± 21.1 a	588 ± 221.8 a	101.5 ± 8.5 a	7.3 ± 1.5 a
SSI_A	335.1 ± 5.9 b	74.3	67.3 ± 24.1 a	668 ± 253.2 a	101.7 ± 4.8 a	8.6 ± 2.7 a
			2015			
SI_7	316.6 ± 69.1 a	100.0	43.1 ± 24.8 ab	423 ± 246.2 ab	102.6 ± 10.0 a	5.8 ± 2.2 a
SI_{14}	306.7 ± 19.4 ab	96.9	50.2 ± 15.8 a	487 ± 158.1 a	103.4 ± 5.5 a	7.0 ± 0.9 a
SSI_7	245.7 ± 10.4 bc	77.6	36.2 ± 24.0 b	351 ± 241.8 b	102.9 ± 8.2 a	6.3 ± 3.7 a
SSI_{14}	229.7 ± 12.6 c	72.6	43.9 ± 25.6 ab	415 ± 143.9 ab	106.2 ± 7.4 a	8.2 ± 2.1 a
SSI_A	228.2 ± 7.0 c	72.1	48.4 ± 21.1 a	466 ± 212.5 a	105.0 ± 8.2 a	9.1 ± 3.4 a
			2016			
SI_7	428.5 ± 48.7 a	100.0	72.1 ± 19.8 a	759 ± 254.3 a	96.9 ± 8.4 ab	7.2 ± 1.2 a
SI_{14}	411.1 ± 28.0 a	95.9	61.7 ± 21.0 a	618 ± 230.8 a	103.2 ± 15.2 bc	6.4 ± 1.2 a
SSI_7	331.6 ± 29.1 b	77.4	72.0 ± 24.8 a	773 ± 359.9 a	97.6 ± 13.0 ab	9.3 ± 2.0 a
SSI_{14}	313.7 ± 17.5 b	73.2	66.8 ± 26.5 a	724 ± 327.9 a	95.5 ± 9.6 ab	9.1 ± 2.5 a
SSI_A	332.6 ± 14.3 b	77.6	69.9 ± 20.0 a	673 ± 227.0 a	106.4 ± 10.7 c	9.0 ± 1.0 a

3.2. Soil water content and plant water status

Figure 4 shows the seasonal variation of soil water content expressed as percentage of field capacity in the four probes installed in the SI_7 and SSI_7 treatments (Fig. 2). Similar θ readings were recorded in probes installed within the same treatment. Soil water content followed the same trend in both SI and SSI treatments over the years. Although values of θ/θ_{FC} tended to increase during summer, the levels of soil water content in the root zone (10-50 cm depth) were always around the field capacity ($\theta/\theta_{FC} = 100\%$).

Figure 5 shows the temporal patterns of Ψ_{stem} in all treatments during 2014, 2015 and 2016. In the same figure, thresholds of Ψ_{stem} used to evaluate the water stress integral, as well as rainfall events are also indicated. As it can be observed, Ψ_{stem} was above the established thresholds (-0.9 and -1.1 MPa) large part of the seasons, except during spring and summer, when values were occasionally lower. Similar trends were observed in all the treatments, although slightly lower Ψ_{stem} generally was observed in SSI treatments when compared to SI. Likewise, treatments with seven emitters per tree had in some periods values of Ψ_{stem} lower (more negative) than those in which the number of emitters per plant was double.

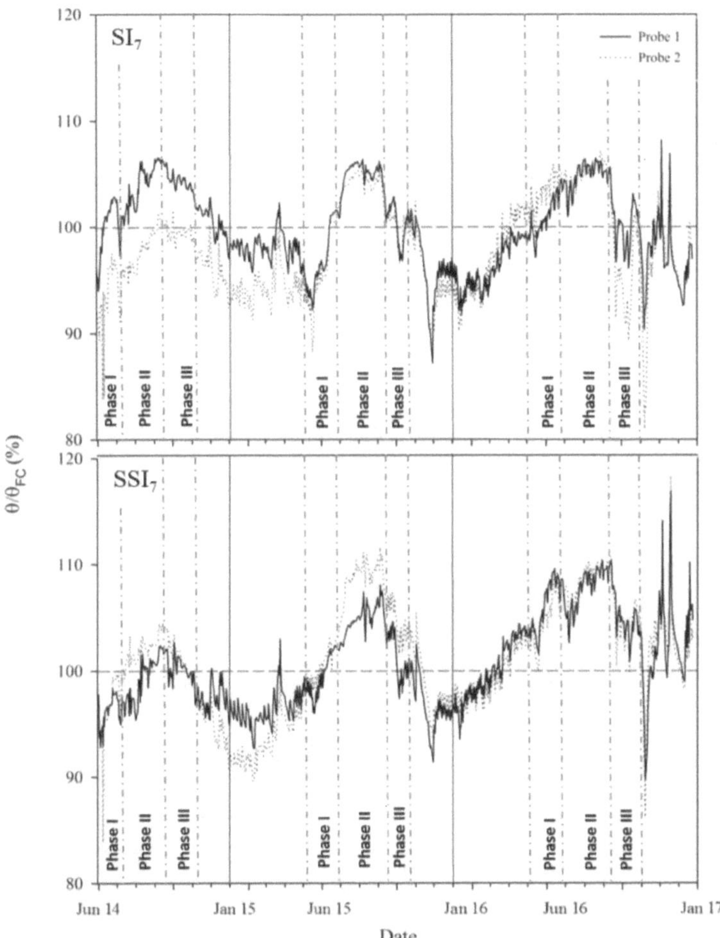

Fig. 4. Seasonal variations of soil water content expressed as percentage of field capacity (θ/θ_{FC}) within the root zone (10-50 cm depth) during 2014, 2015 and 2016. Average values from two FDR probes (probes 1 and 2) installed in the surface irrigation treatment with seven emitters per tree (SI7) and subsurface irrigation treatment (SSI7) are shown.

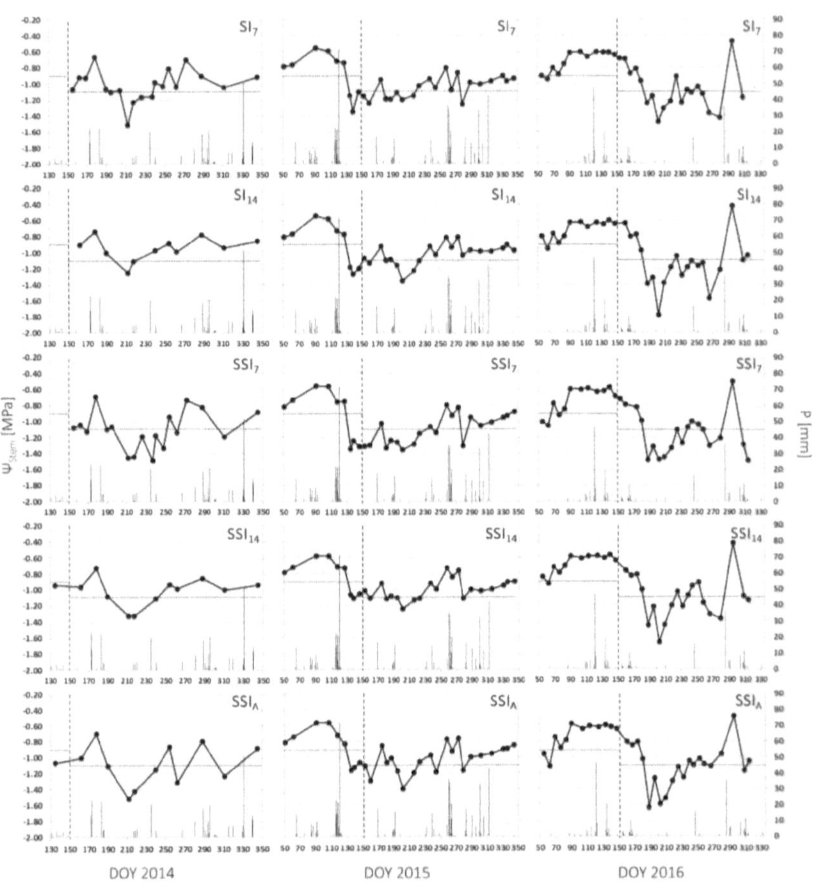

Fig. 5. Temporal patterns of midday stem water potential (Ψ_{stem}) and precipitation (P; vertical bars) in all treatments during 2014, 2015 and 2016. Horizontal dotted lines show the thresholds of Ψ_{stem} used to evaluate the water stress integral before (-0.9 MPa) and after (-1.1 MPa) June (day of the year, DOY 150). "SI" and "SSI" mean surface and subsurface drip irrigation, respectively, and the subscripts indicate the number of emitters used per tree. "SSI$_A$" refers to the treatment with and additional dripline between tree rows.

For all treatments, table 3 shows the values of Sψ_{stem} during the three years, as well as the corresponding values obtained in each of the examined fruit growth phases. It can be noticed that there were phases in which Sψ_{stem} resulted equal to zero, being ψ_{stem} always higher (less negative) than the considered threshold.

Table 3. Water stress integral ($S_{\psi stem}$) for the whole seasons (2014, 2015, 2016) and for each fruit growth phase.

Treatment	$S_{\psi stem}$ (MPa·day)			
	Seasonal	Phase I	Phase II	Phase III
2014				
SI$_7$	8.3±6.8	4.7±7.7	3.1±4.1	0.0±0.0
SI$_{14}$	1.1±1.9	0.0±0.0	1.1±1.9	0.0±0.0
SSI$_7$	13.5±9.6	0.5±0.8	12.0±8.4	0.4±0.7
SSI$_{14}$	3.6±3.3	0.0±0.0	3.6±3.3	0.0±0.0
SSI$_A$	7.5±6.0	1.1±1.7	5.4±5.0	1.0±1.7
2015				
SI$_7$	8.9±5.2	5.2±4.7	2.2±1.2	1.0±1.0
SI$_{14}$	9.6±4.0	5.3±3.8	4.3±1.1	0.0±0.0
SSI$_7$	19.6±3.0	9.4±6.2	7.6±3.2	1.1±1.3
SSI$_{14}$	5.5±3.6	3.1±1.9	2.2±1.8	0.0±0.0
SSI$_A$	9.9±3.2	4.7±2.6	4.9±0.6	0.1±0.2
2016				
SI$_7$	15.7±9.4	0.0±0.0	6.8±4.4	8.9±5.0
SI$_{14}$	19.2±11.0	0.0±0.0	10.7±5.0	8.4±7.2
SSI$_7$	16.9±4.7	0.0±0.0	10.9±0.2	6.1±4.9
SSI$_{14}$	15.9±2.2	0.0±0.0	9.2±1.5	6.6±2.3
SSI$_A$	12.6±5.2	0.0±0.0	11.8±3.9	0.8±1.3

On the contrary, there were other periods in which $S\psi_{stem}$ gradually increased as a consequence of Ψ_{stem} being lower than threshold. By doubling the emitters per plant, seasonal $S\psi_{stem}$ resulted generally lower, regardless of the drip line position (i.e. SI or SSI treatments).

However, this was not the case during the last experimental season when $S\psi_{stem}$ in treatment SI_{14} was greater than the one obtained in SI_7. In general, the highest annual $S\psi_{stem}$ values were registered in treatment SSI_7, which reached the absolute maximum value in 2015 with 19.9 MPa·day of which 10.8 MPa·day were accumulated during the phase I of fruit growth. The relationships between crop yield and $S\psi_{stem}$ displayed a general trend, not statistically correlated, of declining crop yield at increasing $S\psi_{stem}$ (data not shown).

3.3. Yield, fruit quality and irrigation water productivity

In 2014 and 2016, differences in NF were not statistically different between treatments (Table 2). Nevertheless, in 2015, SSI_7 had the lowest NF, with statistically significant differences with respect to treatments SI_{14} and SSI_A. On the other hand, FW in 2015 was similar in all treatments, while some differences between treatments were observed in the other two seasons. In 2014, FW in treatment SI_{14} was significantly higher than in all the SSI treatments. In the last experimental season, SSI_A was the treatment with the highest FW, with statistically significant differences compared to treatments SI_7, SSI_7 and SSI_{14}. In spite of these differences in FW registered in 2014 and 2016, no differences in yield were observed between treatments those years.

Only in 2015, when yield was systematically lower than 2014 and 2016, the different treatments produced a certain effect on crop yield. In particular, SSI_7 treatment had the lowest yield, which resulted significantly lower than that observed in SI_{14} and SSI_A. The SSI_A treatment had the highest average crop yield (61.9 kg tree^{-1}) in the three years, although with no statistically significant differences with the other treatments. Yield standard deviation was similar among treatments during the three years, with values ranging between 16 and 27%. In general, the highest average IWP was obtained in the SSI treatment (Table 2), with increases in 16.5, 22.9 and 34.3% in 2014, 2015 and 2016, respectively, compared to the SI treatment. The highest average IWP, 8.89 kg m^{-3}, was obtained in treatment SSI_A.

Table 4 shows the parameters of fruit quality determined, in each season, at the time of harvest. The irrigation system (SI or SSI) and number of emitters used per tree had a significant effect in TSS, TA and MI. In 2014 and 2016, SSI_7 was the treatment with the highest values of TSS and MI in contrast with the SI_{14} treatment, which had the lowest values. In 2015, SI_{14} was again the treatment with the lowest maturity index.

Table 4. Total soluble solids (TSS), titratable acidity (TA) and maturity index (MI = TSS/TA) determined at harvest in each experimental season.

Treatment	TSS (°Brix)	TA (g l⁻¹)	MI (-)
		2014	
SI_7	11,5 ± 0.2 ab[1]	6,4 ± 0.3 a	18,0 ± 1.1 a
SI_{14}	11,3 ± 0.2 a	6,3 ± 0.2 ab	17,9 ± 0.6 a
SSI_7	11,9 ± 0.3 b	6,0 ± 0.4 b	19,8 ± 1.2 b
SSI_{14}	11,8 ± 0.3 b	6,4 ± 0.2 ab	18,6 ± 0.5 a
SSI_A	11,6 ± 0.5 ab	6,2 ± 0.3 ab	18,8 ± 0. ab
		2015	
SI_7	10,2 ± 0.2 bc	8,1 ± 0.4 a	12,7 ± 0.6 ab
SI_{14}	9,9 ± 0.3 a	8,2 ± 0.4 a	12,1 ± 0.7 a
SSI_7	10,3 ± 0.3 c	8,1 ± 0.4 a	12,8 ± 0.6 bc
SSI_{14}	10,0 ± 0.2 abc	7,5 ± 0.2 b	13,3 ± 0.4 c
SSI_A	10,0 ± 0.3 ab	7,5 ± 0.3 b	13,3 ± 0.7 c
		2016	
SI_7	12,0 ± 0.6 ab	6,8 ± 0.3 ab	17,7 ± 1.3 ab
SI_{14}	12,3 ± 0.6 ab	7,0 ± 0.4 ab	17,5 ± 1.1 a
SSI_7	12,3 ± 0.3 bc	6,6 ± 0.7 ab	18,9 ± 2.4 b
SSI_{14}	12,8 ± 0.3 c	7,2 ± 0.5 b	17,9 ± 0.7 ab
SSI_A	11,8 ± 0.4 a	6,7 ± 0.4 a	17,6 ± 0.9 a

4. Discussion

Results obtained in this study showed that the SSI system saved water (23.0% over the three seasons) in comparison to the SI system with no yield or fruit quality penalties. This result is in agreement with recent studies on citrus trees in which water savings between 17.4 and 19.4% in SSI systems did not affect yield either (Consoli et al., 2014; Robles et al., 2016). In other crop such as pomegranate, Zhang et al. (2017) obtained increases in yield in a SSI system with 10% reductions of water compared to a SI system during one year of the study. Yield was also increased in a study on grapevines when vines were under a SSI system with drip lines installed at 0.35 m depth and 1.20 m from the vine rows (Pisciotta et al., 2018). That was not the case in the work presented here for any of the seasons of study. Here, water reductions in the SSI treatment had a slightly decreasing effect on Ψ_{stem}, mainly during the summer months when the atmospheric evaporative demand was high. However, only a significant reduction in fruit number and yield was observed in 2015 in the SSI_7 treatment, which was likely due to the high seasonal $S\Psi_{stem}$ of that treatment. Most of the stress monitored in trees from SSI_7 was concentrated during the phase I of fruit growth, which several studies on citrus have reported as the most sensitive stage to water stress (Castel and Buj, 1993; González Altozano and Castel 2000). Moreover, on May 14 2015, a maximum temperature of 44.5°C was recorded in the study area, which could have affected the seasonal crop performance. In fact, yield in 2015 was significantly lower than in 2014 and 2016.

It is important to note that FDR readings showed that soil water content, expressed as a percentage of field capacity, were close to 100% for most of the time during summer in both SI_7 and SSI_7 treatments (Fig. 4). This was in contrast with the Ψ_{stem} measurements, which, as mentioned above, indicated that plant water status was slightly different between treatments, with lower Ψ_{stem} values generally observed in treatments SSI than in treatments SI (Fig. 5). This result highlights the importance of monitoring the soil-plant-atmosphere continuum when scheduling irrigation. Indeed, if only FDR readings had been considered in this study, plant water needs would have been underestimated in treatments SSI and, thus, crop performance most likely impaired.

Since different irrigation volumes applied to SSI and SI treatments did not affect yield (with the exception of the SSI_7 treatment in 2015), it could be then speculated that the water savings in this treatment were related to the water losses by soil surface evaporation. The same has been suggested by other authors in similar studies on citrus trees under SSI (Consoli et al., 2014; Robles et al., 2016). Investigations aimed at determining the evaporative fraction of an orchard are scarce. This is due to the complexity to separate the two components of evapotranspiration, as well as to the difficulty to compare studies performed under different conditions. Soil evaporation has been reported to be a significant part of crop evapotranspiration, particularly when GC is small (Bonachela et al., 2001). In a citrus orchard with a GC similar to that of this study (39%) but of a sandy soil, Villalobos et al. (2008) estimated that soil surface evaporation was, respectively, 32 and 40% of the total evapotranspiration in August and May of two consecutive years. Other study (Ruiz-Rodríguez et al., 2017) on citrus orchards with GC ranging between 30 and 40% performed nearby to the area where the present work was conducted, obtained, by simulating the water balance evaporation, rates between 19.0 and 21.1%. These values are very close to the water savings obtained in the SSI treatment in this work.

In agreement with similar studies on SSI systems, water savings in treatment SSI in the present work, led to a higher IWP (19.5% over the three seasons) than in SI, although differences were not statistically significant (Table 2). This increase in IWP is lower than that reported by Consoli et al. (2014) for 'Tarocco Sciara' orange trees (33.3%) but higher than the increase reported for almond trees, 13% in Romero et al. (2004). Consoli et al. (2014) performed their study in a young orchard, where probably soil evaporation was higher than in the present study conducted in a mature orchard and therefore under larger ground cover values.

Regarding the treatments with different wetted soil volumes, treatments with 14 emitters per tree, as well as the one with the additional drip line, had in general higher IWP than treatments with seven emitters per tree. Particularly, under sub-surface irrigation, when there is not soil evaporation, a larger soil wetted volume had a positive effect on plant water status, mainly when the atmospheric evaporative demand was high. In fact, treatments SI_{14}, SSI_{14} and SSI_A were in general characterized by presenting the lowest seasonal $S_{\psi stem}$. In addition, treatments with a higher number of emitters received slightly less amount of water than the treatments with 7 emitters per tree. This also contributed to the higher IWP obtained in the treatments with 14 emitters per trees. In apparent contradictions with our findings, Consoli et al. (2017), also in citrus trees, found that under partial root-zone drying (PRD), IWP increased, and this was explained because of the lower soil volume wetted. However, in Consoli et al. (2017), the PRD treatment received lower amount of water than the control which also affected the reported IWP values.

It is interesting to notice that SSI_A treatment, which was similar to the SSI_7 but with an additional drip line between tree rows, led to a more efficient use of water. In fact, this treatment was set by assuming that the additional drip lines between the tree rows could have promoted the root system development, thus, facilitating water uptake after irrigation or a rainfall event. Even if assessment of root growth that could have confirmed this hypothesis was not conducted, the results obtained in the SS_A treatment lead to think that the additional drip line improves the trees' performance. When compared to treatment SSI_7, SSI_A was generally subjected to lower water stress, as confirmed by the lower seasonal $S_{\psi stem}$, to which corresponded a significantly higher yield in 2015 and higher FW in 2016. SSI_A treatment was the one that allowed the highest water savings with respect to the SI_7 and the highest IWP over the three seasons (Table 2). Nevertheless, this study only includes the results obtained during three years after the installation of the SSI system. Since other factors, such as for instance emitter clogging by either roots or soil particles may have compromised water delivery in SSI systems

(Evans et al., 2007), further research would be necessary to assess the long term crop response.

Overall, this study shows that substantial water savings can be obtained by modifying the conventional irrigation practices followed in citrus production. Using SSI systems in place of the traditional system with drip lines laying on the soil surface, irrigation volumes can be reduced more than 20% (25% in SSI_A treatment on average for the three seasons) without yield penalty. Water savings of the same order of magnitude to those observed here (Ballester et al 2014; Gasque el al., 2010) or higher, ~58% (Consoli et al., 2017) have been reported in studies on citrus dealing with partial root-zone drying and regulated deficit irrigation (RDI) strategies. In semi-arid areas, SSI systems coupled with RDI strategies have been used in order to improve water productivity in almond trees, with satisfactory productive results (Romero et al. 2004). There is therefore the possibility for water savings in citrus production by combining SSI and RDI. Further research is however needed to evaluate the potential and practicality of using RDI in commercial SSI citrus orchards.

5. Conclusions

In this study, the performance of a citrus orchard in terms of yield, fruit quality, IWP and water savings was assessed over three years by comparing five treatments with either 7 or 14 emitters per plant under SI and SSI systems. Results indicated that the position of the drip lines as well as the number of emitters per plant are important factors affecting water productivity. Firstly, on average, SSI treatments enabled water savings without harming production, thus increasing IWP. Water savings achieved in treatments SSI (23.0% on average) are indicative of the amount of soil evaporation accounts in a citrus orchard under the semi-arid conditions characterizing the Mediterranean climate. Secondly, two alternative drip systems were assessed, with seven and fourteen emitters per plant and even with an additional drip line between tree rows. Treatments with a greater number of emitters per plant were characterized by a better plant water status throughout the study. With treatments SSI and, especially with SSI_A, an efficient irrigation management without significant crop yield losses was achieved. However, a cost-benefit analysis could allow evaluating the financial feasibility of the different irrigation systems design, under different water pricing scenarios.

6 References

Agustí, M., Martínez-Fuentes, A., Mesejo, C., Mariano, J., Almela, V., 2003. El Desarrollo de un Fruto cítrico. In: Cuajado y Desarrollo de los Frutos cítricos. Generalitat Valenciana, Conselleria de Agricultura, Pesca y Alimentación, pp 11.

Allen, R.G., Pereira, L.S., Raes, D., Smith, M., 1998. Crop evapotranspiration-Guidelines for computing crop water requirements-FAO Irrigation and drainage paper 56. FAO, Rome, 300(9), D05109.

Alves, J., Folegatti, M.V., Parsons, L.R., Bandaranayake, W., Da Silva, C. R., da Silva, T. J., Campeche, L.F., 2007. Determination of the crop coefficient for grafted 'Tahiti'lime trees and soil evaporation coefficient of Rhodic Kandiudalf clay soil in Sao Paulo, Brazil. Irrigation Sci., 25(4), 419-428.

Ballester, C., Castel, J., Abd El-Mageed, T.A., Castel, J.R., Intrigliolo, D.S., 2014. Long-term response of 'Clementina de Nules' citrus trees to summer regulated deficit irrigation. Agr. Water Manage, 138, 78-84.

Bonachela, S., Orgaz, F., Villalobos, F.J., Fereres, E., 2001. Soil evaporation from drip-irrigated olive orchards. Irrigation Sci., 20(2), 65-71.

Castel, J.R., 2000. Water use of developing citrus canopies in Valencia, Spain. In: Proc IX International Citrus Congress, Orlando, Florida, 223-226.

Castel, J.R., Buj, A., 1993. Riego por goteo deficitario en naranjos adultos salustiana durante siete años. Investigación agraria. Producción y protección vegetales-INIA (España). 8(2), 191-204.

Consoli, S., Stagno, F., Roccuzzo, G., Cirelli, G.L., Intrigliolo, F., 2014. Sustainable management of limited water resources in a Young orange orchard. Agr. Water Manage. 132, 60-68.

Consoli, S., Stagno, F., Varella, D., Boaga, J., Cassiani, G., Roccuzzo, G., 2017. Partial root-zone drying irrigation in orange orchards: Effects on water use and crop production characteristics. Europ. J. Agronomy 82, 190-202.

Evans, R.G., Wu, I.P., Smajstrala, A.G., 2007. Microirrigation Systems. In: Design and Operation of Farm Irrigation Systems, ASABE, St. Joseph, MI 2nd Edition, 632-683.

Fereres, E., Goldhamer, D.A., Parsons, L.R., 2003. Irrigation water management of horticultural crops. HortScience, 38(5), 1036-1042.

Fereres, E., Goldhamer, D., 2003. Suitability of stem diameter variations and water potential as indicators for irrigation scheduling of almond trees. J. Hortic. Sci. Biotechnol., 78(2), 139-144.

García-Tejera, O., López-Bernal, A., Orgaz, F., Testi, L., Villalobos, F.J., 2017. Analysing the combined effect of wetted area and irrigation volume on olive tree transpiration using a SPAC model with a multi-compartment soil solution. Irrigation Sci., 1-15.

Gasque, M., Granero, B., Turégano, J.V., González-Altozano, P., 2010. Regulated deficit irrigation effects on yield, fruit quality and vegetative growth of "Navelina" citrus trees. Span. J. Agric. Res., 8, 40-51.

González-Altozano, P., Castel, J.R., 2000. Regulated deficit irrigation in 'Clementina de Nules' citrus trees. II: Vegetative growth. J. Hortic. Sci. Biotechnol., 75(4), 388-392.

Intrigliolo, D. S., Castel, J.R., 2005. Effects of regulated deficit irrigation on growth and yield of young Japanese plum trees. J. Hortic. Sci. Biotechnol., 80(2), 177-182.

Lampinen, B.D., Shackel, K.A., Southwick, S.M., Olson, W.H., 2001. Deficit irrigation strategies using midday stem water potential in prune. Irrigation Sci., 20(2), 47-54.

McCutchan, H., Shackel, K.A., 1992. Stem-water potential as a sensitive indicator of water stress in prune trees (Prunus domestica L. cv. French). J. Am. Soc. Hortic. Sci., 117(4), 607-611.

Myers, B.J., 1988. Water stress integral - a link between short-term stress and long-term growth. Tree physiol., 4(4), 315-323.

Orgaz, F., Testi, L., Villalobos, F.J., Fereres, E., 2006. Water requirements of olive orchards–II: determination of crop coefficients for irrigation scheduling. Irrigation Sci., 24(2), 77-84.

Pereira, L. S., Cordery, I., Iacovides, I., 2012. Improved indicators of water use performance and productivity for sustainable water conservation and saving. Agr. Water Manage., 108, 39-51.

Pereira, L.S., de Juan, J.A., Picornell, M.R., Tarjuelo, J.M., 2010. El riego y sus tecnologías. CREA-UCLM, Albacete.

Phene, C.J., 1995. The sustainability and potential of subsurface drip irrigation. In Proceedings of the Fifth International Micro Irrigation Congress, Orlando, Florida, 359-367.

Phene, C.J., Davis, K.R., Hutmacher, R.B., McCormick, R.L., 1986. Advantages of subsurface irrigation for processing tomatoes. In II International Symposium on Processing Tomatoes, XXII IHC 200, 101-114.

Phene, C.J., Hutmacher, R.B., Ayars, J.E., 1993. Subsurface drip irrigation: Realizing the full potential. JORGENSEN, GS; NORUM, KN Subsurface drip irrigation. Theory, practices and application. Fresno: California Center of Irrigation Technology, 73-78.

Provenzano, G., 2007. Using HYDRUS-2D simulation model to evaluate wetted soil volume in subsurface drip irrigation systems. J. Irrig. .Drain. Eng., 133(4), 342-349.

Provenzano, G., Tarquis, A.M., Rodriguez-Sinobas, L., 2013. Soil and irrigation sustainability practices. Agr. Water Manage., (120), 1-4.

Provenzano, G., Rodriguez-Sinobas, L., Roldán-Cañas, J., 2014. Irrigated agriculture: Water resources management for a sustainable environment, In Biosystems Engineering, (128), 1-3.

Provenzano, G., Rallo, G., Ghazouani, H., 2015. Assessing field and laboratory calibration protocols for the diviner 2000 probe in a range of soils with different textures. J. Irrig. .Drain. Eng., 142(2), 04015040.

Rallo, G., Agnese, C., Minacapilli, M., & Provenzano, G. (2011). Comparison of SWAP and FAO agro-hydrological models to schedule irrigation of wine grapes. J. Irrig. .Drain. Eng., 138(7), 581-591.

Robles, J.M., Botía, P., Pérez-Pérez, J.G., 2016. Subsurface drip irrigation affects trunk diameter fluctuations in lemon trees, in comparison with surface drip irrigation. Agr. Water Manage., 165, 11-21.

Rodriguez-Sinobas, L., Provenzano, G., & Roldán-Cañas, J. (2016). Special issue: water management strategies in irrigated areas. Agr. Water Manage., 170, 1-4.

Romero, P., Botia, P., Garcia, F., 2004. Effects of regulated deficit irrigation under subsurface drip irrigation conditions on water relations of mature almond trees. Plant and Soil, 260(1), 155-168.

Ruiz-Rodríguez, M., Pulido-Velázquez, M., Jiménez-Bello, M.A., Manzano J., Sanchis-Ibor, C., 2017. Evaluación de los efectos de la modernización del Regadío mediante modelos agro-hidrológicos. Comparativa de los sectores

23 y 24 de la ARJ. XXXV Congreso Nacional de Riegos. http//dx.doi.org/10.25028/CNRiegos.2017.A03

Shan, Y., Wang, Q., Wang, C., 2011. Simulated and measured soil wetting patterns for overlap zone under double points sources of drip irrigation. African Journal of Biotechnology, 10(63), 13744-13755.

Turner, N.C. 1981. Techniques and experimental approaches for the measurement of plant water status. Plant and soil, 58(1-3), 339-366.

Villalobos, F. J., Testi, L., Moreno-Perez, M.F., 2008. Evaporation and canopy conductance of citrus orchards. Agr. Water Manage., 96(4), 565-573.

Zhang, H., Wang, D., Ayars, J.E., Phene, C.J., 2017. Biophysical response of young pomegranate trees to surface and sub-surface drip irrigation and deficit irrigation. Irrig. Sci. 35(5): 425-435.

Capítulo III

Programación de riego en base a sensores de humedad del suelo

Mandarin irrigation scheduling by means of frequency domain reflectometry soil moisture monitoring

M.A. Martínez-Gimeno[1,2], M.A. Jiménez-Bello[3], A. Lidón[3], J. Manzano[4], E. Badal[2], J.G. Pérez-Pérez[2], L. Bonet[2], D.S. Intrigliolo[1,2], A. Esteban[2,5]

[1]Center for Applied Biology and Soil Sciences (CEBAS), Spanish National Research Council (CSIC) Murcia, Spain; [2]Valencian Institute for Agricultural Research (IVIA), Unidad Asociada al CSIC "Riego en la agricultura mediterránea" Valencia, Spain; [3]Research Institute of Water and Environmental Engineering, Polytechnic University of Valencia (IIAMA - UPV), Valencia, Spain; [4]Valencian Centre for Irrigation Studies, Polytechnic University of Valencia (CVER - UPV) Valencia, Spain. Spain; [5]School of engineering and architecture, University of Zaragoza (UNIZAR), Zaragoza, Spain.

1. Introduction

In arid and semi-arid zones, irrigated agriculture is the main user of water resources, reaching a proportion that could exceed 70–80% of the total water abstractions (Fereres and Soriano, 2006). Citrus trees are widely cultivated in south-eastern Spain, where the predominant climate conditions are those typical of a semi-arid zones. Climate change forecasts an increase in crop water requirements (CWR) and probably more severe drought periods (Menenti et al., 2013). Some scenarios for 2050 predict 30-50% decrease of fresh water availability, while its demand on eastern and southern areas could be doubled (Milano et al., 2013).

In citrus trees, irrigation is essential to guarantee high quality and yield, and an effective water management strategy is crucial to cope with this situation of water scarcity (Garcia-Tejero et al., 2011) and avoid environmental hazards such as groundwater pollution by nitrogen fertilizers (Quiñones et al., 2007). Precision irrigation aims to minimize water losses due to deep percolation during the watering events through increasing the efficiency of systems and using a schedule methodology based on the water exchange in the soil-plant-atmosphere system (Pérez, 2016).

Nowadays, the most widely used system for calculating irrigation needs is based on the water balance proposed in FAO paper number 56 (Allen et al., 1998). This method determines the CWR considering the reference evapotranspiration (ET_0) and the crop coefficients (K_c). Although some studies have adapted the FAO-56 algorithm for irrigation scheduling (Rallo et al.,

2011), this strategy has some uncertainty calculating water needs for instance when tree light interception (Consoli et al., 2006) or crop load (Syvertsen et al., 2003; Yonemoto et al., 2004) change over the seasons. Therefore, a substantial improvement in irrigation management can be achieved if soil and plant water status are used for scheduling irrigation in woody perennial crops.

Indirect methods for monitoring soil water status are based on measuring soil matric potential (Ψ_{soil}) or volumetric water content (θ) (Campbell and Campbell, 1982). Amongst the wide range of available devices, probes based on Frequency Domain Reflectometry (FDR) are nowadays the most widely used tools to determine the θ because of their relatively affordable price and ease of use (Fares and Polyakov, 2006). Accuracy of obtained information depends on the probe installation (Evett et al., 2002) which should minimize air gaps between the plastic shell and the soil. Under these circumstances, the accuracy of the FDR sensors can reach values of ±1% vol. with soil specific calibration (Muñoz-Carpena et al., 2004). However, Provenzano et al. (2015) found higher differences in a capacitance probe calibration for a range of soils with different particle size distributions. The field practices used, and particularly those related with the orchard soil management that affects bulk density and organic matter content, can play a significant effect on soil properties invalidating the calibration (Hignett and Evett, 2008; Paraskevas et al., 2012). When absolute θ values are used for scheduling irrigation, using manufacturer default calibration equations might result in inappropriate θ estimations, and a site-specific analysis should be then performed (Evett et al., 2006).

Hydrological simulation could be an alternative tool for calibrating FDR probes and obtaining accurate θ values. The Leaching Estimation And Chemistry Model (LEACHM) is a one-dimensional deterministic model that describes the water and solutes regimes in unsaturated or partially saturated soils (Hutson, 2003). LEACHM model has been widely used for simulating water, nitrogen, salts and pesticide behavior in soils (Ramos and Carbonell 1991; Asada et al., 2013; Nasri et al., 2015; Deng et al., 2017). The model has been used to evaluate water and nitrogen management in citrus orchards (Lidón et al., 1999; Alva et al., 2006; Lidón et al., 2013). It is a mechanistic model that uses the Richards equation (Richards, 1931) to simulate soil moisture variation, being as valid as other agro-hydrological models like SPAW, FAO, SMCR, SIMODIS and Hydrus 2D among others (Minacapilli et al., 2008, Zhang et al., 2010; Rallo et al., 2011; Autovino et al., 2018).

The usefulness of capacitance probes for scheduling irrigation can be increased if plants water status is included. This information integrates the effects of surrounding environmental conditions and the fraction of the water available in the soil for the plant (Moriana et al., 2012). In this sense, midday stem water potential (Ψ_{stem}) is considered as a benchmark indicator of the degree of plant water stress (Ruiz-Sánchez et al., 2010; Ballester et al., 2011). This indicator is obtained through a destructive measurement, which is time-consuming and needs dedication and currently it is impossible to automate. However, these measurements can play an essential role for irrigation scheduling when comparing it with a reference value, corresponding to an ideal plant water status with full water availability (Spinelli et al., 2017).

The aim of the research was to develop an irrigation scheduling strategy for mandarin orchards under Mediterranean conditions based on replacing the amount of consumed water using reference values of soil moisture at different phenological periods. Threshold values to start irrigation were determined using relationships between Ψ_{stem} and the volumetric soil water content measured with FDR probes (θ_{FDR}). The methodology includes a procedure for standardizing soil moisture capacitance probes readings and extrapolating scheduling thresholds for plots with different soil characteristics.

2. Materials and methods

2.1. General approach

The methodology followed for scheduling mandarin irrigation by means of the proposed sensor-based strategy comprises three steps: definition, standardization and extrapolation.

The goal of the definition phase is to obtain a reference θ for scheduling irrigation with FDR probes ensuring an adequate plant water status. The critical soil water content threshold $\theta_{crit\text{-}FDR}$ is defined from simultaneous measurements of θ_{FDR} and Ψ_{stem} in different periods of the crop cycle in which irrigation was withheld.

Secondly, the aim of the standardization phase was to gauge FDR probes minimizing sensor-to-sensor variations for scheduling irrigation with absolute critical soil water content θ_{crit} values. This step is needed considering that FDR probes might provide for different readings at the same moisture levels due to lack of calibration. The chosen methodology consists in comparing the soil water content obtained by means of a hydrological simulation software (θ_{SIM}) with the θ_{FDR} and computing the differences with a standardization equation.

And thirdly, in the extrapolation phase, a methodology based on soil water retention curves (SWRC) and the Ψ_{soil} was used for adapting θ_{crit} to different soil physical conditions. The aim of these two last steps (standardization and extrapolation) are fundamental for applying the sensor-based strategy to other mandarin orchards located under similar climatic conditions.

2.2. Experimental plot

The study was carried out during 2015 and 2016 in a commercial citrus orchard located in Alberic in the south of the province of Valencia, Spain (39° 7' 31.33" N, 0° 33' 17.06" W, 37 m a.m.s.l). The experiment was performed on mature 'Arrufatina' mandarin (*Citrus clementina* Hort. ex Tan.) trees grafted onto 'Carrizo' citrange (*Citrus sinensis* Osb. × *Poncirus trifoliata* Raf.) rootstock, with a tree spacing of 5.50 m × 4.25 m. Soil textural class, according to the USDA classification, is loam to sandy clay loam with percentages of clay ranging from 22 to 34% within the orchard. Soil organic matter was on average 1.3%. The climate is semi-arid with warm winters and dry summers with average annual precipitation of 400 mm, lower than the ET_0, 1000 - 1300 mm (IGN, 2018). The plot was equipped with a drip irrigation system, automatic control valves and flow meters to monitor the amount of water applied.

Water was supplied by two drip laterals with a total 7 emitters per tree (2.2 L h^{-1} AZUD Premier PC AS (Azud, Alcantarilla, Murcia, Spain). Emitters were spaced at 1.2 m apart.

FDR water-content-profile probes (EnviroScan, Sentek, Stepney, Australia) were used for monitoring θ_{FDR} at 0.2, 0.3 and 0.5 m depths where roots are mainly concentrated (Abouatallah et al., 2012) at 30 minutes time-step. A total of 6 FDR probes were installed in the experimental plot. Four probes (noted as Definition (Def) 1 to 4) were installed on four contiguous trees used for establishing the $\theta_{crit\text{-}FDR}$ thresholds. Two additional probes (noted as Validation (Val) 1 and 2) were installed under different trees for implementing the sensor-based strategy. All probes were located adjacent to the drip irrigation line and at about 0.10 m from the emitter following the installations recommendations by Bonet et al., (2010).

In order to characterize the soils where the 6 FDR probes were installed, two undisturbed soil cores (0.05 m height and 0.05 m diameter) were collected around the access tubes at 0.2, 0.3 and 0.4 m depths. Soil organic matter content (Walkley and Black, 1934), dry bulk density and soil textural class according USDA classification (Soil Survey Staff, 1975) were determined.

2.3. Critical soil water content definition.

The $\theta_{crit\text{-}FDR}$ below which plant water stress occurs, and it is necessary to start irrigation, was obtained by solving linear equations fed with simultaneous measurements of Ψ_{stem} and θ_{FDR}. Values of Ψ_{stem} obtained in previous research carried out in the area for solving these equations (Ballester et al., 2014; Martínez-Gimeno et al. 2018) were adapted. The onset of plant water stress was established at -0.8 to -1.0 MPa from mid-September to May and at -1.0 to -1.2 MPa from June to mid-September. Measurements were made during three drought cycles in two consecutive years. Irrigation was withheld from May 4th to May 17th [days of the year (DOY) 124–137, period A1], July 20th to July 26th (DOY 201–207, period B1) and November 12th to January 11th (DOY 316–11, period C1) in 2015–2016; and May 19th to June 8th (DOY 140–160, period A2), August 5th to August 19th (DOY 218–232, period B2) and December 1st to January 13th (DOY 336–13, period C2) in 2016-2017.

According to common phenological stages of 'Clementina arrufatina' under climatic conditions of Mediterranean area along the season, period A corresponds with phase I of fruit growth, period B with phase II of fruit growth and period C with phase III of fruit growth, bloom and fruit set and post-harvest. Definition probes 1 to 4 were used for measuring the θ_{FDR} during these periods. The Ψ_{stem} was measured in the same four trees equipped with the FDR probes by using a Schölander pressure chamber (Model 600, PMS Instrument Co., USA). Measurements were carried out with high frequency (from daily to weekly) during the drought cycles. For each tree, measurements were made on two leaves that were covered with aluminum foil bags at least one hour before the measurements (Turner, 1981). Average air vapour pressure deficit (VPD) was estimated for each drought cycle.

2.4. Critical soil water content standardization

The adjustment to take into account sensor-to-sensor variation for using the θ_{crit} with any FDR probe was made by contrasting θ_{SIM} and θ_{FDR}. Differences were quantified by solving the linear regression equation expressed as:

$$\theta_{FDR} = c\theta_{SIM} + c'$$ [1]

where a and b are fitting parameters.

The LEACHM model was used for obtaining θ_{SIM}. Input data includes soil physical and chemical properties of the different soil layers (texture, organic matter, bulk density, water retention parameters), plant data (crop cycle data, crop cover fraction) and weather (rain, temperature, thermal amplitude, potential evapotranspiration). The LEACHM model follows the method proposed by Childs and Hanks (1975) to calculate the ET_0 from the weekly reference evapotranspiration. The partition between evaporation and transpiration is made according to the crop cover fraction and following the equation proposed by Nimah and Hanks (1973).

The soil profile where FDR probes were installed was divided into several horizontal segments. The total simulation period was divided into short time intervals, and equations were solved for each soil layer and each water flow interval, which should be 0.1 day or less. It was necessary to know the relations between hydraulic conductivity, θ and Ψ_{soil}. Those are based on the moisture retention function (Eq. 2) and the unsaturated hydraulic conductivity function (Eq. 3) proposed by Campbell (1974) integrating the modification suggested by Hutson and Cass (1987):

$$\Psi_{soil} = a \left(\frac{\theta}{\theta_s}\right)^{-b} \qquad [2]$$

$$K = K_s \left(\frac{\theta}{\theta_s}\right)^{2b+2+p} \qquad [3]$$

where Ψ_{soil} is the soil matric potential (kPa), a is the air entry water potential (kPa), b is an empirically determined constant (-), θ_s is the volumetric water content at saturation (% vol.), θ is the volumetric water content (% vol.), K is the hydraulic conductivity (mm day^{-1}), K_s is the saturated hydraulic conductivity (mm day^{-1}) and p is an interaction parameter about pore size, the value of which is assumed to be 1 for the LEACHM model. A free-draining lower boundary was assumed.

Although the objective of the work was not to assess the LEACHM model, performance indicators were applied to validate simulations and detect anomalous data in the standardization. Differences between observed values (θ_{FDR}) and predicted values (θ_{SIM}) were evaluated by calculating two model evaluation indicators: i) the root mean square error (RMSE) was selected for quantifying the error in terms of the units of the variable calculated by the model and ii) the relative root mean squared error (RRMSE) was used as indicator which is independent of the units of measurement. The minimum value is 0, being also the optimal value (Loague and Green, 1991). Their definitions are given by:

$$RMSE = \sqrt{\frac{\sum_{i=1}^{N}(O_i - P_i)^2}{N}} \qquad [4]$$

$$RRMSE = \sqrt{\frac{\frac{1}{N}\sum_{i=1}^{N}(O_i - P_i)^2}{\bar{O}}} \qquad [5]$$

where N is the number of measured data, O_i and P_i are the predicted and the measured values and $\bar{O}$ is the mean of the observed values.

Indeed, the approach proposed in the present work offers an alternative methodology to traditional calibration that allows to simulate an unlimited number of water balances from soil samples. Certainly, this standardization methodology proposed could be replaced by any field or laboratory protocols to calibrate FDR sensors (Provenzano et al., 2015).

2.5. Critical soil water content extrapolation

The θ_{crit} should be adapted for scheduling mandarin irrigation under different soil physical conditions for instance by relating Ψ_{soil} and θ using SWRCs. The SWRC allows transferring the θ_{crit} from the conditions where they were obtained (Definition) to other locations (Validation) with different soil physical properties using the corresponding Ψ_{soil} following these steps: i) to construct and to parameterize SWRCs for the surrounding soil where FDR probes where installed; ii) determination of the Ψ_{soil} corresponding to the critical soil water content of Definition FDR probes (θ^{Def}_{crit}); and iii) determination of the critical soil water content of Validation FDR probes (θ^{Val}_{crit}) corresponding to the Ψ_{soil} obtained in the previous step. Data for SWRC were generated using the pressure plate method (Richards, 1948), where θ corresponding to Ψ_{soil} of 0, -10, -30, -60, -100, -300 and -1000 kPa was determined. Experimental data were fitted by means of the van Genuchten model (van Genuchten, 1980):

$$\theta = \theta_r + \frac{\theta_s - \theta_r}{(1+(\alpha\Psi_{soil})^n)^m} \qquad [6]$$

where θ is the soil water content (%vol.), θ_r is the soil residual water content (%vol.), θ_s is the soil saturated water content (%vol.), Ψ_{soil} is the soil matric potential (kPa), α is a scale parameter inversely proportional to mean pore diameter (cm^{-1}), and m and n are parameters associated to the shape of the soil water characteristic curve being $m=1-1\cdot n^{-1}$. θ_r, α and n could be calculated using a least squares objective function with certain restrictions (Schaap et al., 1998; Anlauf, 2014): $0.0 \leq \theta \leq 0.3$ cm^{3}cm^{-3}; $0.0001 \leq \alpha \leq 1.000$ cm^{-1}, and $1.001 \leq n \leq 10$.

2.6. Irrigation dose computation

The aim of the sensor-based strategy was to restore water losses given by evapotranspiration events and maintaining the soil moisture above the θ_{crit}. Crop water requirements were estimated according to crop evapotranspiration, ET_c, estimated with the single crop coefficient approach (Allen et al., 1998). ET_0 was determined with the Penman - Monteith equation in the version modified by FAO (Allen et al., 1998), by using the meteorological observations acquired by two automatic agro-meteorological stations located nearby the orchard. The K_c varied among months depending on the crop phenological stage. According to the canopy ground cover, K_c was assumed variable from a minimum of 0.36 in May to a maximum of 0.56 in October (Castel, 2000). Irrigation scheduling was programmed twice a week, Monday and Thursday.

The soil moisture was measured with the Validation FDR probes in the root profile (0 - 0.5 m) before each scheduling event. Then, the irrigation required dose (V, mm) was defined as:

$$V = f_m \cdot z \cdot (\theta^{Val}_{crit-FDR} - \theta^{Val}_{FDR}) \quad [7]$$

where f_m (-) is the wetted soil fraction, z (mm) is the bulb depth, θ^{Val}_{FDR} and $\theta^{Val}_{crit-FDR}$ (% vol.) are the current and critical soil water content for scheduling irrigation with Validation FDR probes, respectively. The total dose (V_t, mm) to be applied for i days and the time for each irrigation event (IT, s) were calculated as:

$$V_t = \sum_{i=1}^{i=n} CWR_i + V \quad [8]$$

$$IT(s) = \frac{V_t \cdot S}{q_{intake} \cdot n_d} \quad [9]$$

where S (m^2) is the total irrigated area, q_{intake} (L s^{-1}) is the total flow delivered to the subunit (irrigation area controlled by pressure regulator) and n_d (-) is the number of days irrigation was performed for the scheduled interval.

2.7. Irrigation strategy validation

The sensor-based strategy was implemented during 2016 in the same experimental plot where irrigation thresholds were obtained. The treatments applied were Control, irrigated during the whole season at 100% ET_c (Allen et al.,1998; Castel, 2000), and the sensor-based strategy (SB strategy), irrigated following θ_{crit} . For the strategy implementation, the θ_{crit} obtained from the stress cycles were extended to specific developmental crop phenological stages of the trees with similar VPD levels: post-harvest and bloom and fruit-set (Periods C1 and C2), phase I (Periods A1 and A2), phase II (Periods B1 and B2) and phase III (Periods C1 and C2) of fruit growth.

The statistical design for comparing the two irrigation strategies was a randomized complete block with three replicates per treatment. Each sub-plot had four rows with 6 - 7 sample trees per row where perimeter trees were used as guard, leaving 8 - 10 central trees for experimental determinations. Ψ_{stem} was determined approximately weekly at solar midday in two mature leaves of two trees per experimental unit for assessing plant water status. In the SB strategy, FDR probes Validation 1 and 2 were used for measuring θ and for scheduling irrigation. Yield was determined at the time of commercial harvest in all the sampled trees. This was defined by the grower collaborator following the standard fruit quality protocols used in the area. Juice total soluble solids content, juice titratable acidity and maturity index about 12°Brix, 7 g/l and 17, respectively. According to Perry et al., (2017), crop water productivity (IWP) was calculated as the crop yield divided by the irrigation volumes applied.

3. Results and discussion

3.1. Critical soil water content determination

During the three drought cycles carried out in 2015 and 2016, Ψ_{stem} and θ_{FDR} measured with Definition 1 to 4 FDR probes, were compared by using linear regressions (Figure 1). The equations depicted in Figure 1 are indicating the soil water status threshold below which Ψ_{stem} do not decrease greatly in response to small changes in θ. Differences among the slope of the curve can be observed for the different studied periods. This might be because of the variations in the VPD registered for each period. The most pronounced slopes were found in the summer stress cycles (periods B1 and B2), when VPD reached its maximum values (1.3 kPa) from DOY 201 to 207 in 2015. The most moderate slope was found from DOY 316 in 2015 to DOY 11 in 2016 (period C1), in agreement with low VPD (0.4 kPa), since the atmospheric demand is not a limiting factor and changes in the soil moisture do not result in drastic decreases in the plant water status. However, measurements from DOY 336 in 2016 to 13 in 2017 (period C2) showed a different trend with small variations in the θ_{FDR} resulting in important changes in Ψ_{stem}. Given the registered VPD values (0.2 kPa), this was an unexpected behavior. It could be a consequence of the low soil temperature probably occurring this winter period, which might have increased water viscosity and root hydraulic resistance hindering water absorption (Kramer, 1942; Runnin and Reid, 1980).

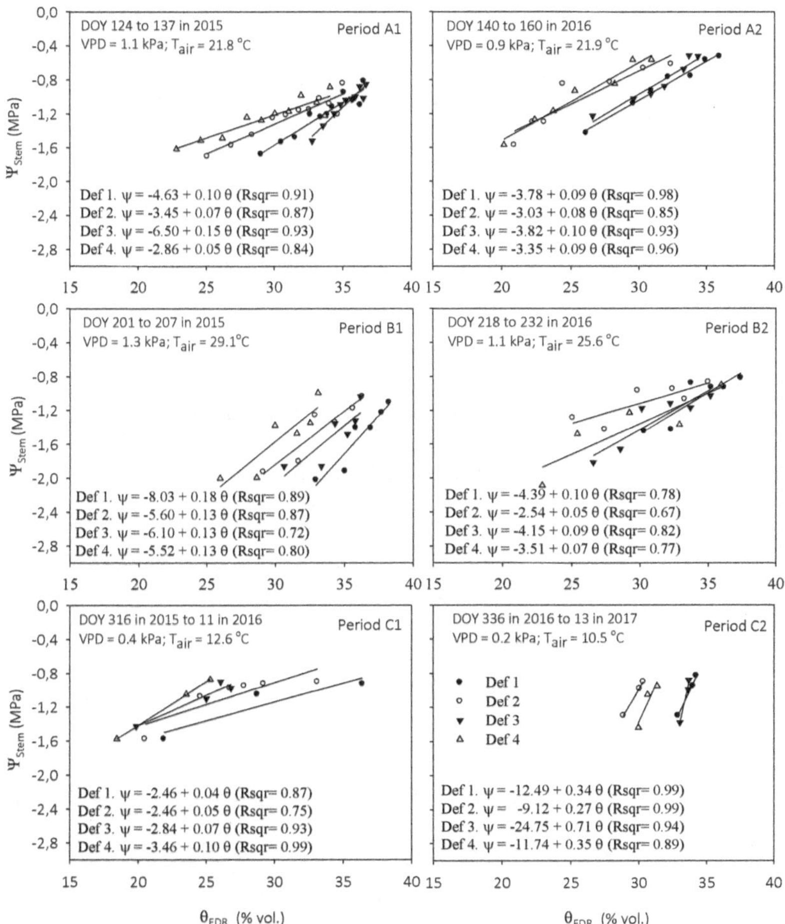

Fig. 1. Experimental values of midday stem water potential (Ψ_{stem}) and its corresponding soil water content measured with FDR probes (θ_{FDR}) in the layer 0.2 – 0.5 m obtained from the drought cycles made in 2015 and 2016. Def. refers to the four FDR probes used for measuring soil water content. Linear regression and coefficient of determination (Rsqr) for each repetition are represented. Day of the year (DOY), average air temperature (T_{air}) and average air vapour pressure deficit (VPD) is indicated for each graph.

The linear equations that relate Ψ_{stem} and θ_{FDR} (Figure 1) were solved using the Ψ_{stem} thresholds proposed in the methodology. Results showed that the $\theta^{Def}_{crit\text{-}FDR}$ for scheduling irrigation varied on the considered period of the year and the evaporative demand (Table 1).

Table 1. Critical soil water content measured by FDR probes ($\theta^{Def}_{crit\text{-}FDR}$) for probes noted as Definition 1 to 4 obtained from solving linear regressions from Figure 1. Average vapour deficit pressure (VPD) is indicated for each period.

| | Period A1 - A2 | Period B1 - B2 | Period C1 - C2 |
	VPD = 0.9 - 1.1 kPa	VPD = 1.1 - 1.3 kPa	VPD = 0.2 - 0.4 kPa
Critical soil water content measured by FDR probes, $\theta^{Def}_{crit-FRD}$ (% vol.)			
Definition 1	34.1	36.2	33.6
Definition 2	31.7	33.2	30.3
Definition 3	33.6	35.3	30.5
Definition 4	31.3	33.6	28.2

This is the main advantage of the proposed strategy because irrigation water needs are adapted to the soil water status and the crop phenological stage. It should be noted that the probes Definition 1 and 3 showed higher humidity values than the probes Definition 2 and 4. This fact may be attributed to the lack of calibration of the probes, to the soil characteristics, or even to the differences between plants.

3.2. Critical soil water content standardization and extrapolation

The simulation with LEACHM was performed for a cold period (from DOY 338 in 2015 to 12 in 2016) without irrigation and with low evaporative demand, aiming to minimize the effect of the evapotranspiration rates on the soil water dynamics. Soil physical and chemical properties and crop data inputs are summarized in appendix 1.

Linear regression equations (Table 2) were calculated to consider differences between θ_{FDR} and θ_{SIM} and to standardize soil moisture values obtained with the FDR probes.

Table 2. Fitting linear regression equations between volumetric soil water content measured by means FDR probes (θ_{FDR}) and simulated with LEACHM model (θ_{SIM}) for Definition (1 to 4) and Validation (1 to 2) FDR probes. Constants a and b are the fitting parameters and Rsqr is the coefficient of determination.

	$\theta_{FDR} = c\,\theta_{SIM} + c'$		
	c	c'	Rsqr
Definition 1	0.89	10.45	0.90
Definition 2	1.03	2.68	0.93
Definition 3	0.91	11.00	0.82
Definition 4	0.78	9.97	0.90
Validation 1	0.69	15.63	0.72
Validation 2	0.67	14.62	0.84

The slope of the regression lines (c) give an idea of how well the simulation fits the real measurements. The slope of the regression varied between 0.67 to 1.03, indicating that data trends were reasonably similar and both methods were reproducing comparable soil water dynamics. The fitting constant c', that ranged between 2.68 and 15.63, showed the different levels of soil moisture provided by simulated and measured temporal series. For each probe, θ_{FDR} was higher than θ_{SIM} (data not shown). Other studies corroborate that electromagnetic soil water content sensors could overestimate volumetric water content due to presence of salt in soils (Sevostianova et al., 2015). Standardization equations were characterized by coefficients of determination ranging between 0.93 to 0.72.

The standardization methodology was assessed by means of evaluation indicators. Errors were estimated with θ_{SIM} and θ_{FDR}. RMSE was 1.0 ± 0.4 % vol. and RRMSE was 0.16 ± 0.06. Both statistics are widely affected by the presence of outliers (Viteri, 2013), and simulations performed with LEACHM model sometimes presented these punctual differences at the beginning of the simulated data set (data not shown). In other studies, the estimation of soil water content in the root zone was considered suitable when the RMSE was equal to 2.0 % vol. (Rallo et al., 2011), and the RRMSE was considered as valid when it was lower than 0.40 (Confalonieri and Bechini, 2004; Wallis at al., 2011). The soil water balance simulation with LEACHM, despite the difference with respect to the soil water content of the FDR, accurately reproduce moisture readings. This fact could lay the foundations for future research, where the θ_{crit} may be used directly in the simulations, and thus, reduce the dependency of the equipment on continuous measurement of soil moisture.

There is no consensus in the scientific community regarding to capacitance probes calibration. Some authors ensure that FDR measurements are valid in any soil within wide ranges of soil moisture levels (Thomas, 1966; Hoekstra and Delaney, 1974). However, some studies have demonstrated that capacitance probes were influenced by the soil type (Bell et al., 1987). The proposed standardization, or any other analogous methodology, is indeed considering essential for ensuring the correct use of the SB strategy. Following this procedure, any volumetric water content value from FDR probe sensors could be adjusted at the same reference and data from different sensors could be comparable.

The θ^{Def}_{crit} obtained by means of LEACHM standardization were 26.8, 28.9 and 24.4 %vol. for periods A1 - A2, B1 - B2 and C1 - C2, respectively (Table 3). A progressive increase of the values is recorded according to the VPD along the season. During the period B1 - B2 (summer), the θ^{Def}_{crit} required to avoid plant stress was the highest, with 29 ± 2% vol., because of the high evaporative demand during this part of the season (VPD = 1.2 kPa). The soil water storage capacity in this period should be enough for avoiding significant water stress (Girona et al., 2002). In contrast, the lowest θ^{Def}_{crit} was determined during the period C1- C2 (winter), 24 ± 3 % vol. when the evaporative demand (VPD = 0.3 kPa) is lower than in the summer. Indeed, the results showed that the critical soil water content to maintain an adequate plant water status was lower during periods of low-evaporative-demand as winter and the beginning of spring.

Table 3. Standardized critical soil water content (θ^{Def}_{crit}) for probes noted as Definition 1 to 4 obtained from solving linear regressions from Figure 1. Average vapour deficit pressure (VPD) is indicated for each period.

	Period A1 - A2 VPD = 0.9 - 1.1 kPa	Period B1 - B2 VPD = 1.1 - 1.3 kPa	Period C1 - C2 VPD = 0.2 - 0.4 kPa
Standardized critical soil water content, $\boldsymbol{\theta^{Def}_{crit}}$ (% vol.)			
Definition 1	26.6	28.9	26.0
Definition 2	28.2	29.6	26.8
Definition 3	24.9	26.8	21.4
Definition 4	27.3	30.3	23.4
μ	26.8	28.9	24.4
σ	1.4	1.5	2.5

The seasonal weighted average θ^{Def}_{crit} for the root profile (0 − 0.5 m) was 26 % vol., similar to previous results obtained in grapefruit (Pérez-Pérez et al., 2008) and orange (Pérez-Pérez et al., 2014) irrigated al 100% ET$_c$, with a volumetric soil water content in the entire soil profile (0 − 1 m) ranging between 21 and 25 % vol. and 24 and 24 % vol., respectively. In these studies, volumetric soil water content was measured using a neutron probe previously calibrated at the experimental site. Differences could be attributed, among others, to the soil properties, measurement depth and citrus variety.

After applying the standardization process, extrapolation was made to adapt the θ^{Def}_{crit} to specific soil conditions where Validation 1 and 2 probes were installed. Extrapolated θ^{Val}_{crit} showed in the Table 4 have been classified in specific phenological stages (post-harvest, bloom and fruit-set and phase I, II and III of fruit growth) in accordance with the registered average VPD during the drought cycles (Table 1) and during the season when the sensor-based strategy was implemented (Fig 2). Indeed, the thresholds obtained for Validation probes were similar to the average values obtained for Definition probes probably because the soil homogeneity within the plot.

Table 4. (A) Critical soil water content for scheduling irrigation by FDR probes ($\theta^{Val}_{crit-FDR}$) and (B) standardized critical soil water content for scheduling irrigation (θ^{Val}_{crit}) for probes noted as Validation 1 and 2 for post-harvest, bloom and fruit-set and phases I II and III of fruit growth. Average vapour deficit pressure (VPD) is indicated for each phase.

	Post-harvest VPD = 0.6kPa	Bloom & fruit set VPD = 0.6 kPa	Phase I VPD = 0.9 kPa	Phase II VPD = 1.1 kPa	Phase III VPD = 0.5 kPa
A) Critical soil water content measured by FDR probes, $\theta^{Val}_{crit-FRD}$ (% vol.)					
Validation 1	32.2	32.2	33.9	35.5	32.2
Validation 2	30.3	30.3	31.9	33.5	30.3
B) Standardized critical soil water content, θ^{Val}_{crit} (% vol.)					
Validation 1	24.0	24.0	26.5	28.8	24.0
Validation 2	23.4	23.4	25.8	28.1	23.4
μ	23.7	23.7	26.2	28.5	23.7
σ	0.4	0.4	0.5	0.5	0.4

3.3. Irrigation strategy validation

Irrigation was scheduled by means of the sensor-based strategy during 2016 in the experimental plot using the Validation 1 and 2 FDR probes. The mean annual ET_0 and rainfall for the experimental season was of 1,122 and 716 mm, respectively. The temporal distribution of rainfall and VPD followed the typical patterns of the Mediterranean basin (Fig. 2A). The seasonal variation of rainfall was characterised by a period of great scarcity during phase II of fruit growth (21 mm) and higher precipitation values were registered in the spring and the autumn, during bloom and fruit-set (113 mm) and phase III of fruit growth (548 mm). Mean daily VPD reached the highest values during phase II of fruit growth (1.1 kPa). During the implementation period (from January to November 2016), control trees received 581 mm of irrigation, while in the treatment irrigated following the SB strategy, the applied irrigation water was 429 mm (Fig. 2B). A 27 % water saving was achieved with the SB strategy, reaching the highest reductions (29%) during phase II of fruit growth.

These differences in water application resulted in slightly different plant water status between treatments (Fig. 2C). During post-harvest (DOY 11 and 21), the Ψ_{stem} registered in both treatments was lower than the thresholds established (-0.8 to -1.0 MPa) most likely because of the effect of low temperatures (12.4°C) which could reduce plant water uptake capacity.

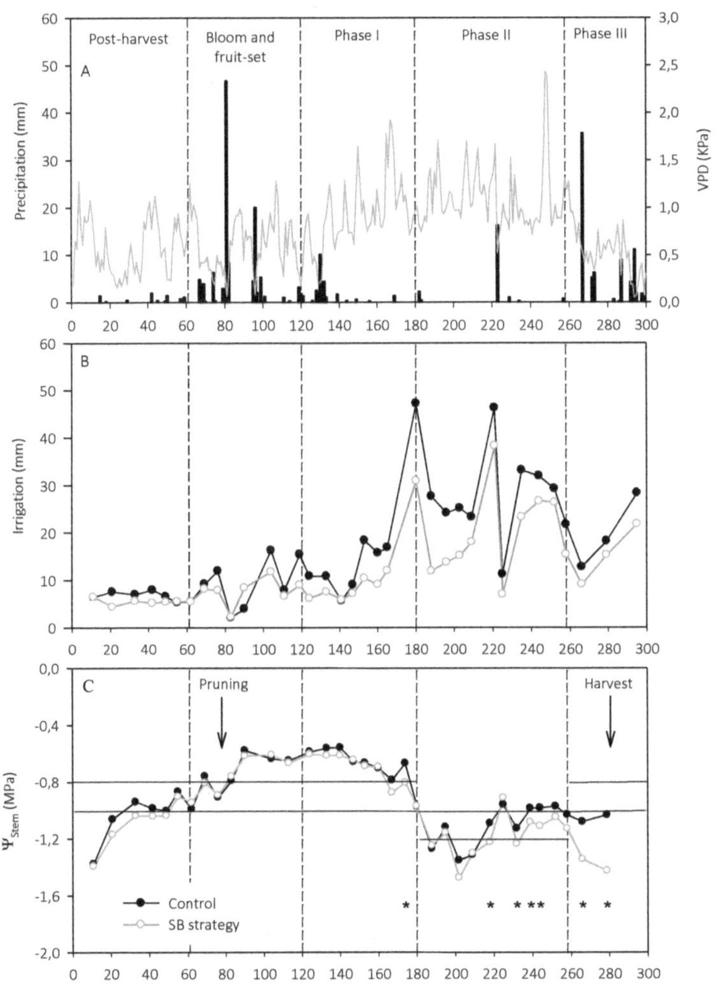

Fig. 2. Seasonal patterns of (A) mean daily air vapour deficit pressure (VPD; solid line) and precipitation (vertical bars); and (B and C) irrigation depths and midday stem water potential (Ψ_{stem}) in each treatment [control and sensor-based (SB) strategy] during 2016. Control treatment was irrigated during the whole season at 100% ET_c

and the SB strategy was irrigated following soil water content measured with FDR probes. In C, horizontal lines show the thresholds of Ψ_{stem} used to evaluate plant water status; and asterisks represent statistically significant differences in Ψ_{stem} at P<0.05 between treatments. Vertical dotted lines show post-harvest, bloom and fruit-set and fruit growth phases (I, II and III). Arrows in figure (C) indicate the pruning and harvest date.

However, it should be noted that there were no statistically significant differences between the evaluated irrigation strategies. Later on, during the mid-winter period, plant water status was recovered in the control treatment because of the higher irrigation volume applied during the beginning of the crop season in comparisons with the SB strategy. During this period (DOY 33, 42 and 49), in the SB strategy Ψ_{stem} was lower than -1.0 MPa with no statistically significant differences between irrigation strategies From DOY 55, plant water status was recovered in both treatments, and specially since DOY 73 when pruning was made in the entire plot. During phase II of fruit growth (DOY 218, 232, 239 and 244)., Ψ_{stem} significantly decreased in the SB strategy, compared with control treatment. The plant water status values reached are probably consequence of the high evaporative demand during these periods. However, the threshold of -1.3 to -1.5 MPa established by Ballester et al. (2011and 2014) and González-Altozano and Castel (1999) to avoid negative consequences in quality and yield was not exceeded. During phase III of fruit growth (DOY 266 and 279) both treatments had an inadequate plant water status with the lowest values of Ψ_{stem} recorded in the SB strategy. The θ^{Val}_{crit} used for this period was 24% vol. according to the low VPD registered in phase III of fruit growth (Table 4). However, final fruit growth and ripening took place and, even if the evaporative demand was low, the fruit sink demand for photoassimilates was elevated being the irrigation volumes applied probably insufficient. It would be desirable to increase the θ^{Val}_{crit} for this stage, maintaining the levels of the phase II of fruit growth (29% vol.) until harvest. This fact underlines the importance of an appropriate determination and timing of the moisture thresholds.

Notwithstanding the water savings obtained in the SB strategy, no significant differences were found between treatments in terms of yield reaching 73.3 ± 23.2 kg tree^{-1} and 72.1 ± 19.8 kg tree^{-1} in control and SB strategy, respectively. These yield levels are well in line with the expected tree performance for mandarin trees in the area as reported in previous research (Ballester et al. 2014; Nicolas et al. 2016). The highest IWP was obtained in the SB strategy, 7.2 kg m^{-3}, compared to the control treatment, 5.4 kg m^{-3} demonstrating that, the irrigation scheduling developed can optimize irrigation efficiency by better adjusting the watering regime to the actual orchard water consumption. Although there are other models for scheduling irrigation in citrus trees (Alba et al., 2003; Bonet et al. 2010), they do not consider the limits of moisture and its adaptation to other soils, two elements that are the basis of the model proposed. This work demonstrates that an irrigation schedule adjusted to the soil water content dynamics can improve the water use efficiency. However, irrigation time calculated by the proposed strategy should be monitored to avoid errors associated with FDR probe management. The small volume of soil sampled by FDR probes, the influence of air gaps or the lack of contact between sensors and soil may cause problems (Evett and Parkin, 2005; Evett et al., 2006). The crop coefficient method for estimating water needs is too general and empiric, but it could be considered as a reference to compare results and reveal errors. Indeed, occasional determinations of plant water status could be also included in order to check if the irrigation scheduling regime is detrimentally affecting crop production.

Similar water savings with no yield reductions as observed in the present work were obtained in previous studies also in citrus trees using other irrigation strategies such as regulated deficit irrigation (RDI) (Ballester et al., 2014) and subsurface drip irrigation (Martínez-Gimeno et al., 2018). The SB strategy coupled with RDI strategies could be used to improve water productivity, reduce tree growth and improve fruit composition, enhancing thus economical profit (Pérez-Pérez et al., 2010). However, the SB strategy provide a θ_{crit} considering an adequate Ψ_{stem}, then future studies will be necessary to expand the scheduling range for conditions of greater stress in controlled deficit irrigation strategies. Moreover, the use of more paired θ_{FDR} and Ψ_{stem} measurements, not only restricted to the stress cycles tested, would substantially improve the determination of the critical soil water content thresholds.

4. Conclusions

The determination and use of the θ_{crit} is a useful tool for optimizing irrigation scheduling. The SB strategy computes the water doses considering the θ_{FDR} and avoiding excessive depletions which may result in a too severe tree water stress. The strategy includes two steps for scheduling irrigation with FDR probes across mandarin orchards under similar climatic conditions.

On the one hand, a standardization methodology minimizes sensor-to-sensor variations allowing to use absolute values of θ_{crit} for estimating irrigation needs. On the other hand, an extrapolation methodology adapts θ_{FDR} to any soil physical condition. The irrigation strategy was implemented in a commercial orchard, and water savings reached 26% without limiting yield, thus increasing crop water productivity. Future work will be necessary for assessing the suitability of the proposed strategy in a multi-season study for different citrus varieties or species and under different crop conditions.

5. References

Abouatallah, A., Salghi, R., El Fadl, A., Hammouti, B., Zarrouk, A., 2012. Shading nets usefulness for water saving on citrus orchards under different irrigation doses. Current World Environment, 7,1, 13.

Alba, I., Rodrigues, P. N., Pereira, L. S., 2003. Irrigation scheduling simulation for citrus in Sicily to cope with water scarcity. In Tools for Drought Mitigation in Mediterranean Regions. Springer, Dordrecht, pp. 223-242.

Allen, R. G., Pereira, L. S., Raes, D., Smith, M., 1998. FAO Irrigation and drainage paper No. 56. Rome: Food and Agriculture Organization of the United Nations, 56-97.

Alva, A. K., Paramasivam, S., Fares, A., Obreza, T. A., Schumann, A. W., 2006. Nitrogen best management practice for citrus trees: II. Nitrogen fate, transport, and components of N budget. Scientia Horticulturae, 109, 3, 223-233.

Anlauf, R., 2014. Using the EXCEL solver function to estimate the van Genuchten parameters from measured pF/water content values (accessed 12 December 2015).

Asada, K., Eguchi, S., Urakawa, R., Itahashi, S., Matsumaru, T., Nagasawa, T., Katou, H., 2013. Modifying the LEACHM model for process-based prediction of nitrate leaching from cropped Andosols. Plant and soil, 373(1-2), 609-625.

Autovino, D., Rallo, G., Provenzano, G., 2018. Predicting soil and plant water status dynamic in olive orchards under different irrigation systems with Hydrus-2D: Model performance and scenario analysis. Agricultural Water Management, 203, 225-235.

Ballester, C., Castel, J., Intrigliolo, D. S., Castel, J. R., 2011. Response of Clementina de Nules citrus trees to summer deficit irrigation. Yield components and fruit composition. Agricultural Water Management, 98(6), 1027-1032.

Ballester, C., Castel, J., El-Mageed, T. A., Castel, J. R., Intrigliolo, D. S., 2014. Long-term response of 'Clementina de Nules' citrus trees to summer regulated deficit irrigation. Agricultural Water Management, 138, 78-84.

Bell, J. P., Dean, T. J., Hodnett, M. G., 1987. Soil moisture measurement by an improved capacitance technique, Part II. Field techniques, evaluation and calibration. Journal of Hydrology, 93(1-2), 79-90.

Bonet, L., Ferrer, P.J., Castel, J.R., Intrigliolo, D.S., 2010. Soil capacitance sensors and stem dendrometers: useful tools for irrigation scheduling of commercial orchards? Spanish Journal of Agricultural Research, 2, 52-65

Campbell, G. S., 1974. A simple method for determining unsaturated conductivity from moisture retention data. Soil Science, 117,6, 311-314.

Campbell, G. S., Campbell, M. D., 1982. Irrigation scheduling using soil moisture measurements: theory and practice. Advances in irrigation, 1, 25-42.

Castel, J.R., 2000. Water use of developing citrus canopies in Valencia, Spain. In: Proc Int. Soc. Citriculture IX Congr., pp. 223–226.

Childs, S., Hanks, R. J., 1975. Model of Soil Salinity Effects on Crop Growth 1. Soil Science Society of America Journal, 39(4), 617-622.

Confalonieri, R., Bechini, L., 2004. A preliminary evaluation of the simulation model CropSyst for alfalfa. European Journal of Agronomy, 21(2), 223-237.

Consoli, S., O'Connell, N., Snyder, R., 2006. Measurement of light interception by navel orange orchard canopies: case study of Lindsay, California. Journal of Irrigation and Drainage Engineering, 132(1), 9-20.

Deng, Z., Guan, H., Hutson, J., Forster, M. A., Wang, Y., Simmons, C. T., 2017. A vegetation-focused soil-plant-atmospheric continuum model to study hydrodynamic soil-plant water relations. Water Resources Research, 53(6), 4965-4983.

Evett, S. R., Parkin, G. W., 2005. Advances in soil water content sensing. Vadose Zone Journal, 4(4), 986-991.

Evett, S. R., Tolk, J. A., Howell, T. A., 2006. Soil profile water content determination: Sensor accuracy, axial response, calibration, temperature dependence, and precision. Vadose Zone J., 5,3, 894–907.

Evett, S.R., Ruthardt, B.B., Kottkamp, S.T., Howell, T.A., Schneider, A.D., Tolk, J.A., 2002. Accuracy and precision of soil water measurements by neutron, capacitance, and TDR methods, in: Proceedings of the 17th Water Conservation Soil Society Symposium, Thailand.

Fares, A., Polyakov, V., 2006. Advances in crop water management using capacitive water sensors. Advances in Agronomy, 90, 43-77.

Fereres, E., Soriano, M. A., 2006. Deficit irrigation for reducing agricultural water use. Journal of experimental botany, 58(2), 147-159.

García-Tejero, I., Durán-Zuazo, V. H., Muriel-Fernández, J. L., Martínez-García, G., Jiménez-Bocanegra, J. A., 2011. Benefits of low-frequency irrigation in citrus orchards. Agronomy for Sustainable Development, 31(4), 779.

Girona, J., Mata, M., Fereres, E., Goldhamer, D. A., Cohen, M., 2002. Evapotranspiration and soil water dynamics of peach trees under water deficits. Agricultural Water Management, 54,2, 107-122.

González-Altozano, P., Castel, J. L., 1999. Effects of regulated deficit irrigation on Clementina de Nules citrus trees growth, yield and fruit quality. In III International Symposium on Irrigation of Horticultural Crops 537, pp. 749-758.

Hignett, C., Evett, S., 2008. Direct and surrogate measures of soil water content. Field estimation of soil water content: A practical guide to methods, instrumentation, and sensor technology, S. R. Evett, L. K. Heng, P. Moutonnet, and M. L. Nguyen, eds., International Atomic Energy Agency, Vienna, Austria.

Hoekstra, P., Delaney, A., 1974. Dielectric properties of soils at UHF and microwave frequencies. Journal of Geophysical Research, 79, 11, 1699-1708.

Hutson, J. L., Cass, A., 1987. A retentivity function for use in soil–water simulation models. Journal of Soil Science, 38, 1, 105-113.

Hutson, J.L., 2003. LEACHM – Leaching Estimation and Chemistry Model. Department of Crop and Soil Sciences. Cornell University, Ithaca, New York.

Instituto Geográfico Nacional. Ministerio de Fomento, IGN., 2018. Atlas Nacional de España. España en mapas. Una síntesis geográfica. Mapa Evapotranspiración. AEMET. Período 1996-2016.

Kramer, P. J. (1942). Species differences with respect to water absorption at low soil temperatures. American Journal of Botany, 29(10), 828-832.

Lidón, A., Ramos, C., Rodrigo, A., 1999. Comparison of drainage estimation methods in irrigated citrus orchards. Irrigation science, 19(1), 25-36.

Lidón, A., Ramos, C., Ginestar, D., Contreras, W., 2013. Assessment of LEACHN and a simple compartmental model to simulate nitrogen dynamics in citrus orchards. Agricultural Water Management, 121, 42-53.

Loague, K., Green, R. E., 1991. Statistical and graphical methods for evaluating solute transport models: overview and application. Journal of Contaminant Hydrology, 7(1-2), 51-73.

Martínez-Gimeno, M. A., Bonet, L., Provenzano, G., Badal, E., Intrigliolo, D. S., Ballester, C., 2018. Assessment of yield and water productivity of clementine trees under surface and subsurface drip irrigation. Agricultural Water Management, 206, 209-216.

Menenti, M., Alfieri, S.M., Bonfante, A., Riccardi, M., Basile, A., Monaco, E., Michele, C.D. Lorenzi, F.D., 2013. Adaptation of Irrigated and Rainfed Agriculture to Climate Change: The Vulnerability of Production Systems and the Potential of Intraspecific Biodiversity (Case Studies in Italy), in: Filho, W.L. (Ed.), Handbook of Climate Change Adaptation. Springer Berlin Heidelberg, pp. 1–35.

Milano, M., Ruelland, D., Fernandez, S., Dezetter, A., Fabre, J., Servat, E., Fritsch, J.- M., Ardoin-Bardin, S., Thivet, G., 2013. Current state of Mediterranean water resources and future trends under climatic and anthropogenic changes. Hydrological Sciences Journal, 58(3), 498-518.

Minacapilli, M., Iovino, M., D'Urso, G., 2008. A distributed agro-hydrological model for irrigation water demand assessment. Agricultural Water Management, 95, 123-132.

Moriana, A., Pérez-López, D., Prieto, M. H., Ramírez-Santa-Pau, M., Pérez-Rodríguez, J. M., 2012. Midday stem water potential as a useful tool for estimating irrigation requirements in olive trees. Agricultural Water Management, 112, 43-54.

Muñoz-Carpena, R., Shukla, S., Morgan, K., 2004. Field devices for monitoring soil water content (Vol. 343, pp. 1-24). University of Florida Cooperative Extension Service, Institute of Food and Agricultural Sciences, EDIS.

Nasri, N., Chebil, M., Guellouz, L., Bouhlila, R., Maslouhi, A., Ibnoussina, M., 2015. Modelling nonpoint source pollution by nitrate of soil in the Mateur plain, northeast of Tunisia. Arabian Journal of Geosciences, 8, 1057-1075.

Nicolas, E., Alarcón, J.J., Mounzer, O., Pedrero, F., Nortes, P.A., Alcobendas, R., .Romero-Trigueros, C., Bayona, J.M., Maestre-Valero, J.F. 2016.

Long-term physiological and agronomic responses of mandarin trees to irrigation with saline reclaimed water. Agricultural Water Management, 166, 1-8.

Nimah, M. N., Hanks, R. J., 1973. Model for Estimating Soil Water, Plant, and Atmospheric Interrelations: I. Description and Sensitivity 1. Soil Science Society of America Journal, 37(4), 522-527.

Paraskevas, C., Georgiou, P., Ilias, A., Panoras, A., Babajimopoulos, C., 2012. Calibration equations for two capacitance water content probes in a Lysimeter field. Int. Agrophys., 26(3), 285–293

Pérez, F., 2016. Programación de riego y déficit hídrico controlado en frutales de hueso. (Doctoral book, Universidad Politécnica de Cartagena).

Pérez-Pérez, J. G., Romero, P., Navarro, J. M., Botía, P., 2008. Response of sweet orange cv 'Lane late' to deficit irrigation in two rootstocks. I: water relations, leaf gas exchange and vegetative growth. Irrigation Science, 26(5), 415-425.

Pérez-Pérez, J. G., García, J., Robles, J. M., Botía, P., 2010. Economic analysis of navel orange cv. 'Lane late' grown on two different drought-tolerant rootstocks under deficit irrigation in South-eastern Spain. Agricultural Water Management, 97(1), 157-164.

Pérez-Pérez, J. G., Robles, J. M., Botía, P., 2014. Effects of deficit irrigation in different fruit growth stages on 'Star Ruby' grapefruit trees in semi-arid conditions. Agricultural water management, 133, 44-54.

Perry, C., Steduto, P., Karajeh, F., 2017. Does improved irrigation technology save water? A review of the evidence. Food and Agriculture Organization of the United Nations, Cairo, 42.

Provenzano, G., Rallo, G., Ghazouani, H., 2015. Assessing field and laboratory calibration protocols for the diviner 2000 probe in a range of soils with different textures. Journal of Irrigation and Drainage Engineering, 142(2), 04015040.

Quiñones, A., Martínez-Alcántara, B., Legaz, F., 2007. Influence of irrigation system and fertilization management on seasonal distribution of N in the soil profile and on N-uptake by citrus trees. Agriculture, Ecosystems and Environment, 122(3), 399-409.

Rallo, G., Agnese, C., Minacapilli, M., Provenzano, G., 2011. Comparison of SWAP and FAO agro-hydrological models to schedule irrigation of wine grapes. Journal of Irrigation and Drainage Engineering, 138(7), 581-591.

Ramos, C., Carbonell, E. A., 1991. Nitrate leaching and soil moisture prediction with the LEACHM model. Fertilizer Research, 27(2-3), 171-180.

Richards, L. A., 1931. Capillary conduction of liquids through porous mediums. Physics, 1(5), 318-333.

Richards, L.A., 1948. Porous plate apparatus for measuring moisture retention and transmission by soil. Soil Science, 66, 105–110.

Ruiz Sánchez, M. C., Domingo Miguel, R., Castel Sánchez, J. R., 2010. Deficit irrigation in fruit trees and vines in Spain: a review. Spanish Journal Agricultural Research, 8 (2), 5–20

Running, S. W., Reid, C. P., 1980. Soil temperature influences on root resistance of Pinus contorta seedlings. Plant physiology, 65(4), 635-640.

Schaap, M. G., Leij, F. J., Van Genuchten, M. T., 1998. Neural network analysis for hierarchical prediction of soil hydraulic properties. Soil Science Society of America Journal, 62(4), 847-855.

Sevostianova, E., Deb, S., Serena, M., VanLeeuwen, D., Leinauer, B. 2015. Accuracy of two electromagnetic soil water content sensors in saline soils. Soil Science Society of America Journal, 79(6), 1752-1759.

Soil Survey Staff, 1975. Soil taxonomy: a basic system of soil classification for making and interpreting soil surveys. United States Department of Agriculture, Soil Conservation Service.

Spinelli, G.M., Shackel, K.A., Gilbert, M. E., 2017. A model exploring whether the coupled effects of plant water supply and demand affect the interpretation of water potentials and irrigation management. Agricultural. Water Management, 192, 271–280.

Syvertsen, J. P., Goñi, C., Otero, A., 2003. Fruit load and canopy shading affect leaf characteristics and net gas exchange of 'Spring' navel orange trees. Tree Physiology, 23(13), 899-906.

Thomas, A. M., 1966. In situ measurement of moisture in soil and similar substances by "fringe" capacitance. Journal of Scientific Instruments, 43(1), 21.

Turner, N.C., 1981. Techniques and experimental approaches for the measurement of plant water status. Plant. Soil, 58 (1–3), 339–366.

Van Genuchten, M. T., 1980. A closed-form equation for predicting the hydraulic conductivity of unsaturated soils 1. Soil Science Society of America Journal, 44(5), 892-898.

Viteri, L. O., 2013. Ajuste, validación y aplicación del modelo EU-Rotate_N en una zona vulnerable a la contaminación por nitratos. Optimización de la fertilización nitrogenada (Doctoral book, Universidad de La Rioja).

Walkley, A., Black, I. A., 1934. An examination of the Degtjareff method for determining soil organic matter, and a proposed modification of the chromic acid titration method. Soil Science, 37(1), 29-38.

Wallis, K.L., Candela, L., Mateos, R.M., Tamoh, K., 2011. Simulation of nitrate leaching under potato crops in a mediterranean area. Influence of frost prevention irrigation on nitrogen transport. Agricultural Water Management. 98, 1629-1640.

Yonemoto, Y., Matsumoto, K., Furukawa, T., Asakawa, M., Okuda, H., Takahara, T., 2004. Effects of rootstock and crop load on sap flow rate in branches of 'Shirakawa Satsuma'mandarin (Citrus unshiu Marc.). Scientia Horticulturae, 102(3), 295-300.

Zhang, K., Greenwood, D. J., Spracklen, W. P., Rahn, C. R., Hammond, J. P., White, P. J., Burns, I. G., 2010. A universal agro-hydrological model for water and nitrogen cycles in the soil–crop system SMCR_N: Critical update and further validation. Agricultural Water Management, 97(10), 1411-1422.

Appendix.

Table A. Summary of the soil physical properties and crop data as inputs for the LEACHM model.

Component	Parameter	Units	Value
Soil profile data	Soil bulk density	kg dm^{-3}	See table B
	Clay	%	See table B
	Silt	%	See table B
	Organic carbon	%	See table B
	Particle density (clay. silt and sand)	kg dm^{-3}	See table B
	Exponent for Campbell's equation	-	See table B
	Hydraulic conductivity	mm d^{-1}	See table B
	Particle density (clay. silt and sand)	kg dm^{-3}	2.65
	Particle density (organic matter)	kg dm^{-3}	1.10
	Wilting point	kPa	-1500
Crop data	Maximum ratio of actual to potential T	-	1.1
	Minimum root water potential	kPa	-3000
	Root resistance	-	1
	Crop cover fraction	-	1
	Pan factor	-	1.50
Weather data	Rain	mm	Daily data
	Potential evapotranspiration	mm	Weekly totals
	Temperature	ºC	Mean weekly

Table B. Soil physical and chemical properties for the different soils where FDR probes were installed.

Parameter	Reference				Scheduling	
	1	2	3	4	1	2
Soil bulk density (kg dm^{-3})	1.53	1.54	1.56	1.49	1.55	1.58
Clay (%)	28.0	29.0	26.0	24.0	25.4	24.7
Silt (%)	35.5	35.5	36.0	39.0	39.9	39.8
Organic carbon (%)	0.48	0.52	0.44	0.62	0.54	0.54
Air entry value (kPa)	-0.33	-0.72	-0.75	-0.66	-2.51	-2.23
Exponent for Campbell's equation (-)	12.00	12.00	11.31	11.59	7.49	11.15
Hydraulic conductivity (mm d^{-1})	99.48	37.20	59.04	111.72	118.68	95.52

CAPÍTULO IV

Control del estado hídrico de la planta

Evaluating the usefulness of continuous leaf turgor pressure measurements for the assessment of Persimmon tree water status

M.A. Martínez-Gimeno[1], M. Castiella[2], S. Rüger[2], D.S. Intrigliolo[1,3] and C. Ballester[3,4]

[1]Center for Applied Biology and Soil Sciences (CEBAS), Murcia, Spain; [2]YARA ZIM Plant Technology GmbH, Hennigsdorf, Germany; [3]Valencian Institute for Agricultural Research (IVIA), Valencia, Spain; [4]Current address: Centre for Regional and Rural Futures (CeRRF), Deakin University, Griffith, NSW, Australia.

1. Introduction

Water is becoming a limiting factor for crop production in much of the world (IPCC, 2014). That is the case of the Mediterranean ecosystems where the scarce rainfall is not enough to cover the high crop water requirements during most of the season and the water resources available are limited. Optimizing irrigation must be then a priority in order to ensure the sustainability of the agricultural systems.

Water-saving irrigation strategies such as the partial rootzone drying or regulated deficit irrigation (RDI) have been studied in depth in experimental and commercial orchards with successful results (Ruiz-Sánchez et al., 2010). A common conclusion in all the studies related with the implementation of water-saving irrigation strategies is that water stress monitoring is crucial in order to avoid an undesirable impact on yield. A series of plant-based water stress indicators can be found in the market to continuously monitor the plant water status throughout the season. Stem dendrometers, porometers, sap flow probes or the measurement of canopy temperature among others, have been studied during the last decades in woody crops to automatically monitor the plant water status in an attempt to substitute the stem water potential measurement, which is the accepted method as reference despite being a destructive and time and labor-consuming technique (Ballester et al., 2013a; Fernández and Cuevas, 2010; Fernández, 2014; Jones et al., 2009; Ortuño et al., 2010). The use of these methods in the field, however, is still a constraint for growers due to different reasons such as difficulty of installation, maintenance requirements and the need of processing a large amount of data (Fernández, 2014).

Monitoring the leaf turgor pressure with a highly sensitive pressure sensor clamped to a patch of a leaf (Yara ZIM-probe, Zimmermann et al., 2008), has been reported as an easier to install and easier to use technique than the abovementioned methods with a great potential to be used at field by growers (Fernández, 2014).

The non-invasive Yara ZIM-probe is a magnetic-based probe that measures the pressure (P_p) transfer function through a patch of an intact leaf. This P_p has been shown to be inversely correlated with the turgor pressure (Zimmermann et al., 2008; Westhoff et al., 2009; Zimmermman et al., 2009). The usefulness of the Yara ZIM-probe to detect plant water stress has been studied on several horticultural and fruit crops, providing evidence that it can detect changes in turgor pressure caused by variations in the microclimate or in the soil water availability (Westhoff et al., 2008; Zimmermman et al., 2009; Rüger et al., 2010, 2011; Ehrenberger et al., 2012; Fernández et al., 2011; Rodríguez-Domínguez et al., 2012). Moreover, some studies suggest that its use has the potential for efficiently select genotypes tolerant to water stress environments (Kant et al., 2014). Different approaches such as the assessment of the daily or nightly maximum P_p value, the turgor recovery phase during the afternoon or the reverse of the P_p curve, however, must be followed to determine the degree of stress reached by the plants depending on their physiological characteristics and their tolerance or sensitivity to drought stress, which makes necessary the assessment of this technology for each particular case.

Persimmon (*Diospyros kaki* L.f) cultivation in Spain has steadily increased in the last decades from a cropped area of 2.000 ha in 2002, to an approximately 13.000 ha in 2014 (Perucho, 2015). This notable increase in production is mainly due to the current replacement of citrus with Persimmon trees, particularly with the *cv.* 'Rojo Brillante', which fruit reaches a higher value in the market than oranges, thanks to a postharvest treatment with high CO_2 concentrations that removes its astringency (Arnal and Del Rio, 2003). Studies performed in Valencia, Spain, with the *cv.* 'Rojo Brillante' showed that RDI strategies may lead growers to obtain water savings of 20% without any reduction in yield, increasing then the water use efficiency (Buesa et al., 2013). Results also showed that fruit weight reduction in RDI trees caused a decrease in the fruit commercial value, pointing out that further research would be needed to define a successful RDI strategy for this crop. The Yara ZIM-probe technology could be a suitable tool to be used in this crop for irrigation scheduling in order to properly manage water stress and avoid any fruit size reduction that could affect the economic return obtained by farmers.

The objectives of the present study were: (i) to assess the feasibility of the Yara ZIM-probe for detecting plant water stress in Persimmon trees; (ii) to explore the relationships between P_p and Ψ_{stem} for their possible use as a tool for irrigation scheduling in this crop, and; (iii) finally, to test the sensitivity of the Yara ZIM-probe in two rootstocks of differing drought tolerance.

2. Materials and methods

2.1. Plot and irrigation treatments

The experiment was performed during 2014 in a commercial orchard planted with Persimmon trees *cv.* 'Rojo Brillante' grafted onto two contrasting rootstocks in vigor, *Dyospiros lotus* (L) and *Dyospiros virginiana* (V) at a spacing of 5 m x 2.5 m. The plot was located in Llíria (40º N, elevation 300 m), Valencia, Spain, where the climate is typically Mediterranean and the soil is sandy loam with 32% by weight stones and an effective depth of 0.8 m. Soil density ranged from 1.35 to 1.45 t m^{-3} and was considered of low fertility (0.66 organic matter and 0.05% total N).

Fig 1. Experimental plot image (LLíria, Valencia) from Google Earth.

Irrigation was applied with two drip lines leaving 10 pressure compensated emitters (4 L h^{-1}) per tree. Water had an average electrical conductivity of 1.1 dS m^{-1} and an average Cl concentration of 122 mg L^{-1}. Irrigation was applied according to the estimated crop evapotranspiration (ET$_c$ = ET$_o$ x K$_c$). Reference evapotranspiration, ET$_o$, (Allen et al., 1998) was obtained from a weather station located near the orchard, which also measured the solar radiation (Pyranometer CMP3, Kipp & Zonen, Delft, The Netherlands). Crop coefficient applied ranged from 0.2 in March to 0.9 at full canopy growth. As a part of an outgoing experiment, trees had been irrigated at 100 and 125% ET$_c$.

The Yara ZIM-probes were tested on trees grafted on both rootstocks and irrigated at both rates. In a first experiment, trees grafted onto L and irrigated at 100% ET$_c$ (L-WW) during the whole experiment (total amount applied 332.5 mm) were compared with trees grafted onto the same rootstock (L-DS) in which irrigation was withheld during two periods from August 18th to August 23rd [day of the year (DOY) 230 – 235] and from August 29th to September 3rd (DOY 241 - 246). L-DS trees were irrigated as L-WW trees between the two drought cycles. A second experiment was then set up with trees irrigated at 125% ET$_c$ (total amount received 366.6 mm) in order to compare the behaviour of trees grafted onto L (L-125-DS) and V (V-125-DS) rootstocks when subjected to drought cycles. In these trees, irrigation was withheld from August 25th to September 3rd (DOY 237 - 246).

The orchard was divided into three blocks of three rows each where the treatments were applied. All the treatments consisted of 21 trees (seven trees per row) with the five trees of the mid row (perimeter trees were avoided) used for the measurements. The L-125-DS and V-125-DS treatments, in which four trees were used for the plant water status measurements, were carried out in the block of the middle while the L-WW and L-DS treatments in the remainder blocks.

2.2. Leaf turgor monitoring

The basic principle of the Yara ZIM-probe is described by Zimmermann et al., (2008) and the principle of the magnetic leaf patch clamp pressure probe by Westhoff et al., (2009). Briefly, the Yara ZIM-probe consists of two magnets that exert an external pressure to a patch of a leaf covering an area of 87 mm^2. One of the magnets contains a highly sensitive pressure sensor able to detect pressure variations up to 300 kPa. The sensor measures the difference in pressure between the magnets and the leaf turgor, P_p, and therefore provides information about relative changes in leaf turgor at real time. The distance between the magnets can be regulated in order to set up the most suitable initial P_p, which range between 10-60 kPa. All the Yara ZIM-probes were previously tested under laboratory conditions to ensure that ambient temperature (T_a) did not have any influence on their readings.

Selected trees from each treatment were equipped with two Yara ZIM-probes each (8-10 Yara ZIM-probes/treatment) on 13th and 14th of May, 2014. The Yara ZIM-probes were installed in mature leaves located in the east side of the canopies. In order to distinguish between relative changes in leaf turgor caused by water stress and those caused by microclimate variations (Zimmermann et al., 2013a), relative humidity (RH) and T_a sensors (Yara ZIM Plant Technology GmbH (Hennigsdorf, Germany) were also installed in the orchard. All probes (leaf turgor, T_a and RH) were connected by cable to transmitters which sent the data wirelessly every 5 minutes over a distance of up to 1500 m to a central controller (Yara ZIM Plant Technology GmbH Hennigsdorf, Germany). The controller contains a GPRS modem which is linked to an Internet server where data are stored and available for real-time inspection and download.

2.3. Other plant water status determinations

Measurements of Ψ_{stem} were carried out during the experiment to determine the plant water status in all the trees equipped with the Yara ZIM-probes. Measurements were performed at solar noon with a Scholander pressure chamber (PMS Instrument Company, mod. 600, OR, USA) using 2-4 mature leaves per tree previously bagged with aluminum foil for at least 1 hour before the measurements to avoid transpiration (Turner, 1981).

The four selected trees from L-125-DS and V-125-DS treatments (grafted onto the two contrasting rootstocks) were equipped with linear variable differential transformers (LVDT, Schlumberger Mod. DF-2.5) to monitor trunk diameter variations during the drought stress cycles. Each sensor was fixed to the main trunk of the tree by a metal frame of Invar (a metal alloy with a minimal thermal expansion), located about 25 cm from the ground. All the transformers were previously calibrated in the laboratory by means of a precision micrometer (Verdtech SA, Spain). The trunk diameter variations were used to calculate the maximum daily trunk shrinkage (MDS) by obtaining the difference between the maximum (MXTD) and minimum

(MNTD) diameter in a day. At the beginning of the experiment trees grafted onto L and V had respectively an average trunk perimeter of 0.25±0.004 and 0.23±0.020 m. Data were automatically recorded every 30 s using a data logger (model CR10X) connected to an AM16/32 multiplexer programmed to report mean values every 30 min.

2.4. Data analysis

Data were analyzed using Statgraphics X64, ORIGIN 2015 (Microcal Software Inc., Northampton, MA) and SigmaPlot 11.0. The relationship between P_p and the others water status indicators used during the measurement was explored by ANOVA and the Least Significant Differences (LSD) procedure. Both methods take into account that values of $P < 0.05$ are considered to be statistically significant. Data shown are mean ± standard deviation.

3. Results

3.1. Meteorological conditions

Total ET_0 and rainfall registered during the experiment (from April 1st to September 10th) were of 787 and 63 mm, respectively, which can be considered typical values for the area of study. Daily means of T_a ranged from 12.2 to 28.57°C with a maximum temperature recorded in August of 40.5°C. Daily means of RH ranged from 28.9 to 76.2% with a minimum value reached in July (9.2%).

3.2. Experiment 1: L-WW vs. L-DS

3.2.1. Stem water potential measurements

The L-WW treatment in which water restrictions were not applied had Ψ_{stem} values around -0.60 MPa during the whole experiment (mean Ψ_{stem} of -0.62±0.01 MPa; Fig.2). L-DS trees had similar Ψ_{stem} values to L-WW trees at the beginning of the experiment. Once water restrictions began, Ψ_{stem} dropped steadily to a minimum value of -1.73 and −1.93 MPa during the first and second drought cycles, respectively (Fig.1).

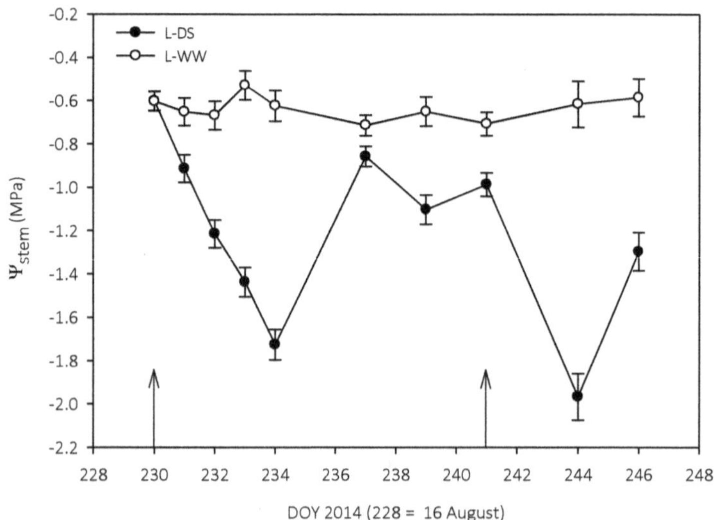

Fig. 2. Stem water potential (Ψ_{stem}) evolution in control (L-WW) and non-irrigated trees (L-DS) during the drought cycles. Each point is the average of 10–20 leaves (5 trees per treatment). Vertical bars represent the ±LSD intervals, and arrows indicate the starting of the drought cycles.

3.2.2. Leaf turgor monitoring with the Yara ZIM-probes

A daily continuous increase in maximum (recorded at midday) and minimum (recorded at night) P_p was observed in all of the Yara ZIM-probe sensors at the beginning of the experiment just after clamping. Some probes showed a steadily P_p increase similar to the increase in air temperature recorded in May and stabilized after a couple of weeks. Other probes (about 35%), however, exhibited a sharp increase in P_p reaching the maximum values detected by the sensor (250-300 kPa) in weeks (Fig.3). These probes were re-clamped again (several times in some occasions) until the P_p readings were more stable and treatments began (end of June).

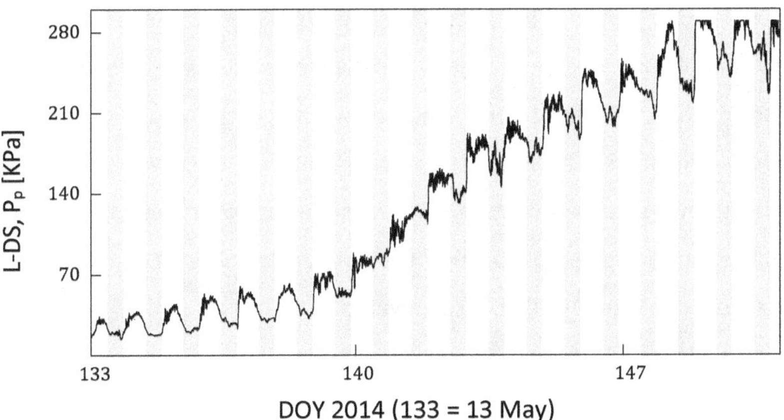

Fig. 3. Patch pressure (P_p) increase after clamping at the first stages of the leaf growth. Sensors were reclamped when P_p reached approximately the maximum value of 280 kPa.

Three different daily P_p curve shapes were obtained depending on the range of stress reached by the trees. Each of these shapes was associated to a leaf turgor state as reported in Ehrenberger et al., (2012), thus state I was related to a daily P_p shape with peaking values at noon and minimum values recorded at night; state II was related to a half inverted curve with a sharp decrease of P_p at noon and; state III was related to a complete inversion of the P_p curve with minimum values recorded during the day and maximum values during the night. Figure 4 depicts the Ψ_{stem} and P_p evolution of a representative L-WW and L-DS tree during the experiment as well as the classification of the P_p shape curves in the above-mentioned states. The P_p curve in L-WW trees was all the time in state I while L-DS trees showed a progressive change in the P_p curve shape from state I to state II and III as Ψ_{stem} decreased during the drought cycles. Similarly, the P_p curve shape in L-DS trees changed from state III to state II and I when irrigation was resumed as Ψ_{stem} recovered to similar values to the L-WW treatment. When data from all the Yara ZIM-probes of each treatment were analyzed, the P_p curve in L-WW trees was in the state I during the whole experiment. In L-DS trees, on the other hand, the P_p curve remained in the state I just 9.7% of the time while it was 34.7 and 55.6% of the time in the state II and III, respectively.

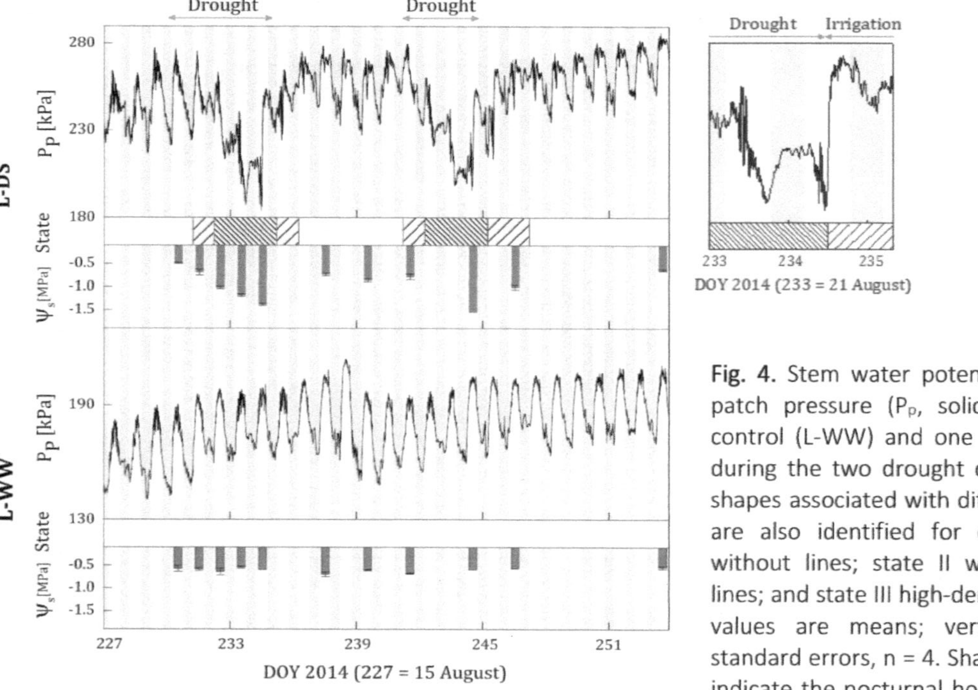

Fig. 4. Stem water potential (Ψ_{stem}, columns) and patch pressure (P_p, solid line) evolution in one control (L-WW) and one non-irrigated (L-DS) tree during the two drought cycles. Different P_p curve shapes associated with different plant water status are also identified for each treatment (state I without lines; state II with low-density diagonal lines; and state III high-density diagonal lines). Ψ_{stem} values are means; vertical lines indicate the standard errors, n = 4. Shaded background columns indicate the nocturnal hours. The *additional graph* highlights the fast recovery of the plant water status when the drought period finishes. The P_p *curve* shows the evolution from the state III to state II in

The assessment of the P_p curve shapes in both treatments during the experiment enabled the classification of each leaf turgor state within a range of Ψ_{stem}. Statistically significant differences in mean Ψ_{stem} were observed within trees from each leaf turgor state (Fig.5). State I of leaf turgor was observed in trees with a Ψ_{stem} higher than -0.80 MPa. The intermediate state of leaf turgor (state II) was observed in trees with a Ψ_{stem} compressed between -0.69 and -1.33 MPa. Finally, the state III of leaf turgor was observed in trees with a Ψ_{stem} ranging from -1.02 to -2.40 MPa.

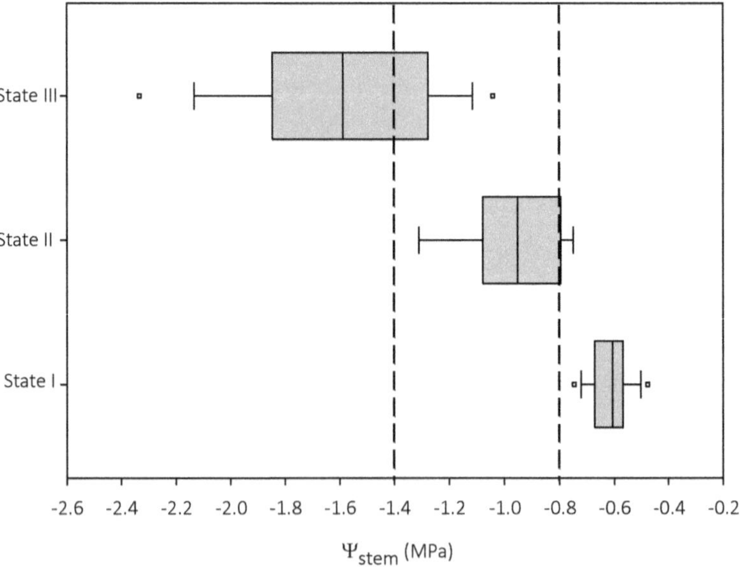

Fig. 5. Range of stem water potential (Ψ_{stem}) values obtained during the two drought cycles within each leaf turgor. Ψ_{stem} values are the average of five trees. Horizontal bars in boxes indicate the maximum and minimum values of Ψ_{stem} for each state.

Dotted border lines define Ψ_{stem} thresholds for plant water status: adequate (>−0.8 MPa), mild to critical stress (−0.8 to −1.4 MPa) and moderate stress (<−1.4 MPa).

3.3. Experiment 2: L-125-DS vs. V-125-DS

3.3.1. Stem water potential and trunk diameter measurements

Water restrictions applied in both treatments offered different results in terms of mean and maximum Ψ_{stem} values. During the drought cycle L-125-DS treatment registered an average Ψ_{stem} of -0.97±0.38 MPa with a minimum value of −1.80 MPa. In contrast, V-125-DS treatment had a higher mean Ψ_{stem} value of -0.80±0.16 MPa and reached a minimum value of −1.14 MPa. Significant differences were found in Ψ_{stem} between trees grafted onto L and V rootstocks from two days of the beginning of the water restrictions (Fig.6).

Trunk diameter variations were monitored during the same period. MDS was lower in V (179.0±48.0μm) than in L (215.4±67.8μm) although no significant differences were observed between the rootstocks until the end of the drought cycle when Ψ_{stem} reached values around -1.6 MPa in L trees (Fig.6). The MXTD, on the other hand, was 42% higher in V than in L rootstocks (Fig. 7) and it is important to highlight that during the drought period, V maintained a constant growth rate slope in contrast to L where trunk growth rates decreased.

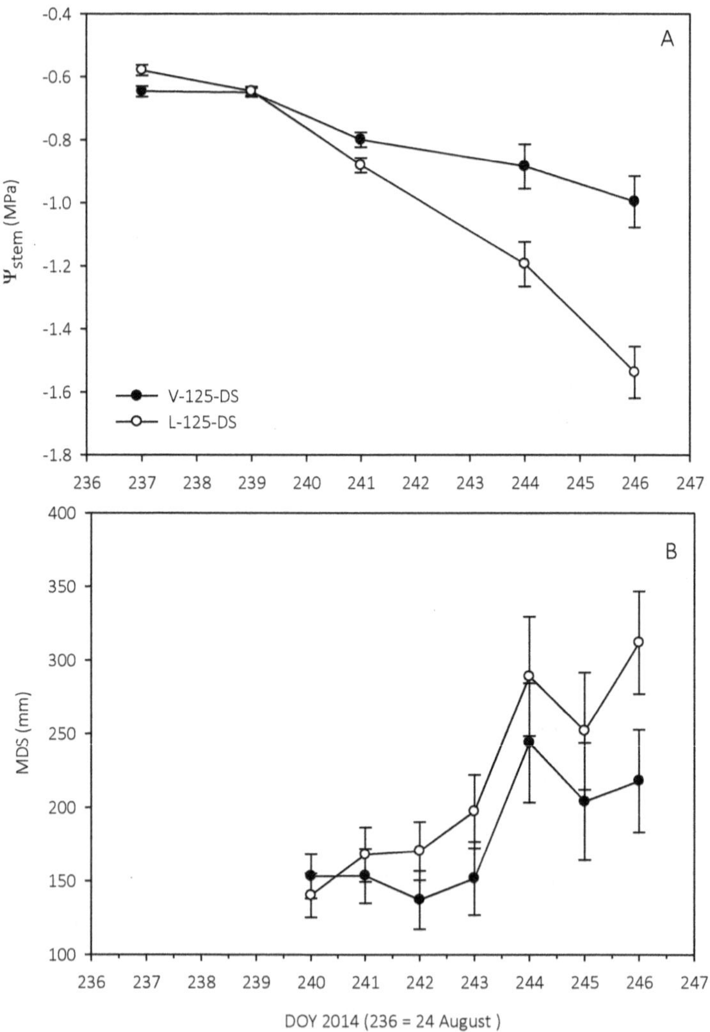

Fig. 6. Stem water potential (Ψ_{stem}) and maximum daily trunk shrinkage (MDS) evolution in trees grafted onto lotus (L-125-DS) and virginiana (V-125-DS) during the drought cycle. Each point in figure (**a**, **b**) is the average of 10–20 leaves (5 trees per treatment) and 4 trees, respectively. Vertical bars represent the ± LSD intervals.

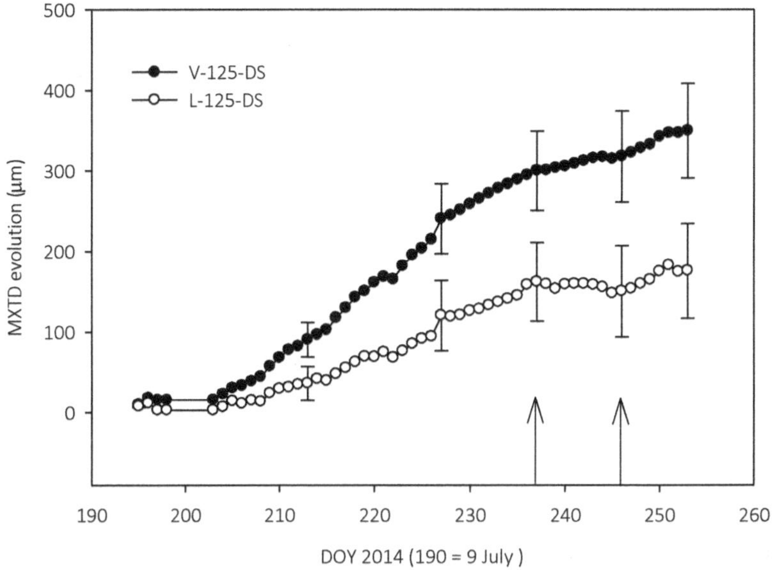

Fig. 7. Maximum daily trunk diameter (MXTD) monitored during the crop season. Each point is the average of four diameter trees. Vertical bars represent the ± LSD intervals, and arrows indicate the starting of the drought cycles.

3.3.2. Leaf turgor monitoring with the Yara ZIM-probes

The evolution of the P_p curve shape in the different leaf turgor states (I, II and III) was linked to the Ψ_{stem} measurements as did in experiment 1 (Fig.8). The P_p curve in V-125-DS trees was most of the time in state I while L-125-DS trees showed a gradual evolution from state I to state II and III. On average, L-125-DS was in state I, II and III 30, 30 and 60% of the time, respectively.

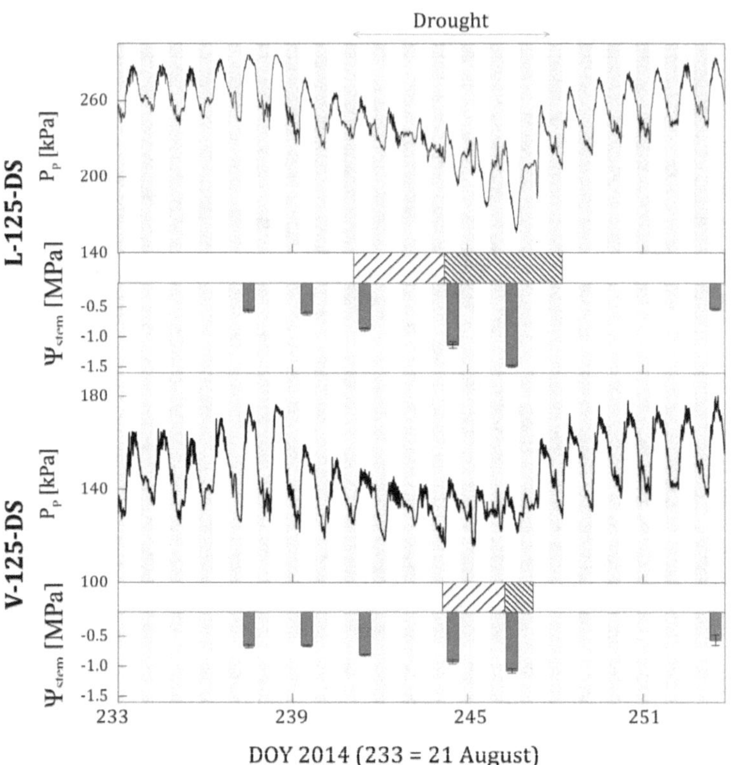

Fig. 8. Stem water potential (Ψ_{stem}, columns) and patch pressure (P_p, solid line) evolution in a plant grafted onto lotus (L-125-DS) and virginiana (V-125-DS) during the drought cycles applied. Different P_p curve shapes associated with different plant water status are also identified for each treatment (state I without lines; state II with low-density diagonal lines; and state III high-density diagonal lines). Ψ_{stem} values are means; vertical lines indicate the standard errors, n = 4. The shaded background columns indicate the nocturnal hours.

However, V-125-DS was 80% of the time in state I and just 20 % in state II and III. Each leaf turgor state within each rootstock corresponded to a range of Ψ_{stem} (Fig.9). L-125-DS reached lower values of Ψ_{stem} (-1.03± 0.18 and -1.41 ± 0.23 MPa) than V-125-DS (-0.91 ± 0.10 and -1.02 ± 0.29 MPa) for states II and III, respectively. However, state I in L-125-DS (-0.66± 0.10) was associated with higher Ψ_{stem} values than in V-125-DS (-0.74± 0.12).

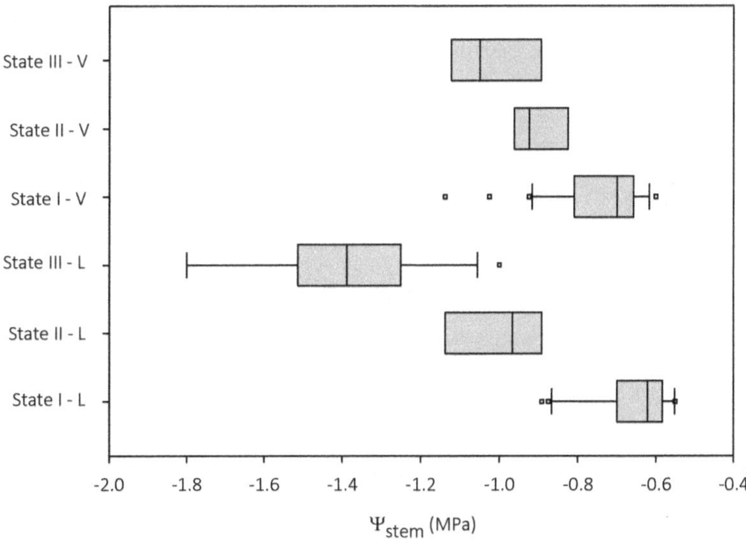

Fig. 9. Stem water potential (Ψ_{stem}) values within each state of leaf turgor in trees grafted on lotus (L) and virginiana (V) trees. Horizontal bars indicate the maximum and minimum values of Ψ_{stem} for each state.

4. Discussion

The results presented in this work point out the Yara ZIM-probes as a reliable tool for continuously monitoring plant water status in Persimmon trees. Notwithstanding the P_p evolution observed just after clamping (April-May), in which daily and nightly P_p increased reaching the maximum pressure detected by the sensor in some of the probes (Fig.2), leaf turgor monitoring with the Yara ZIM-probes enabled the detection of mild to severe water stress in L-DS, L-125-DS and V-125-DS trees as well as their recovery when irrigation was resumed. The particular P_p evolution observed just after clamping in Persimmon trees has not been reported for other fruit tree crops. This effect could be related with the structure of Persimmon leaves which is more complex than in other crops due to their density and thickness. Moreover, the foliar limb is slightly wavy and the main and secondary nervation stands out on the abaxial surface (Giordani et al., 2015), which most likely hamper the proper continuity between magnets. More studies would be needed regarding this matter to untangle this unusual behavior of P_p and be able to monitor leaf turgor during the whole growing period of Persimmon trees.

Different approaches can be followed to detect plant water stress when analyzing data from the Yara ZIM-probes (Zimmermann 2013b). The assessment of the maximum daily P_p seems to be a useful method for clementine trees, in which a half or complete inversion of the P_p curve do not often occur even under severe (Ψ_{stem} of up to -1.9 MPa) water-stressed conditions (Ballester et al., in press). Contrary to this and more in the line of what has been reported for other crops like almond, eucalyptus, avocado

(Zimmermann et al., 2013b) and olive trees (Fernandez et al., 2011; Ehrenberger et al., 2012; Padilla-Díaz et al., 2015), the change observed in the P_p curve profile was shown as a useful method to detect drought stress in Persimmon trees. The change in the P_p curve profile from a normal curve peaking at midday to a half and eventually complete inversion of the curve as a consequence of the water replacement for air into the parenchyma tissue of cells leaves [see Ehrenberger et al., (2012) for more details], made possible to differentiate between three ranges of Ψ_{stem} linked to well-watered, moderate and severe water-stressed trees. The P_p curve profiles were classified in three states of leaf turgor as described in Ehrenberger et al., (2012). Thus, each state was linked to a range of Ψ_{stem} and consequently to a plant water status (Table 1). State I, in which L-WW trees remained during the whole study and L-DS trees just less than 10% of the time during the drought cycles, was linked to Ψ_{stem} values above -0.8 MPa, considered of well-watered Persimmon trees (Badal et al., 2010). The Ψ_{stem} thresholds for the intermediate state of leaf turgor (-0.69 and -1.33 MPa) were overlapped with the upper limit of state I (-0.79 MPa) and the lower limit of state III (-1.02MPa) (Table 1). State II would include then trees with mild to moderate water stress (George et al., 1995) whereas trees within the state III, with Ψ_{stem} values ranging from -1.02 to -2.40 MPa, would indicate trees with moderate to severe water-stressed. Additionally, irrigation effect and water status recovery was also detected by the Yara ZIM-probes immediately. When irrigation was resumed after a drought cycle, the daily P_p curves evolved from the inverse shape to the half-inverse or even the normal shape directly (see this behaviour highlighted in Fig. 4).

Table 1 Stem water potential (Ψ_{stem}) associated to each of the leaf turgor states observed in control (L-WW) and non-irrigated (L-DS) trees. Water status for the average, maximum and minimum Ψ_{stem} recorded within each state is also shown.

State	Ψ_{stem} (MPa)			Water status		
	Average	Max	Min	Average	Maximum	Minimum
I	-0.61± 0.08	-0.79	-0.47	Adequate	Adequate	Adequate
II	-0.98 ± 0.19	-1.33	-0.69	Mild stress	Moderate stress	Adequate
III	-1.58 ± 0.36	-2.40	-1.02	Moderate stress	Severe stress	Mild Stress

The interpretation of the Ψ_{stem} values in relation to the degree of water stress is derived from previous experiments carried out in order to determine Persimmon trees responses to different irrigation regimes (Badal et al., 2010, 2013; Buesa et al., 2013).

These results show that leaf turgor monitoring with the Yara ZIM-probes could possibly be used in Persimmon trees for irrigation scheduling. Irrigation management has been proven as a useful tool to reduce fruit drop in Persimmon trees cv. 'Rojo Brillante' (Badal et al., 2013). Water restrictions applied during spring or summer have been reported as effective strategies to decrease fruit drop and significantly increase water use efficiency in this crop (Buesa et al., 2013). Nevertheless, fruit growth in this particular cv. ('Rojo Brillante') is highly sensitive to deficit irrigation and a proper management of the water stress reached by the trees is crucial to do not impair fruit size and reduce farm profitability (Buesa et al., 2013).

The use of the Yara ZIM-probes in orchards under deficit irrigation strategies could provide continuous information of plant water status for an adequate management of water stress. Based on Buesa et al., (2013), fruit drop could be reduced by maintaining trees within the state II of leaf turgor during either spring or summer for a couple of weeks and then leading them to state I by increasing water allocations. The unusual P_p readings observed after clamping should not be a problem when using the probes in RDI orchards provided that these were installed in the trees with enough time to stabilize before the period of water restrictions, which in spring RDI strategies is recommended from late May to mid-July. Further research on how crop load and other factors apart from water status influence leaf turgor would be valuable in order to design deficit irrigation strategies based on Yara ZIM-probe readings.

Compared with the results obtained by Fernandez et al., (2011) in a similar study conducted in Seville on olive trees, states I, II and III of leaf turgor in Persimmon trees were related to higher values of Ψ_{stem}. These results could be expected since olive is a well-adapted crop to water-limited environments (Connor, 2005) while Persimmon has been reported as a crop not highly sensitive to vapour pressure deficit and with poor stomatal regulation (Badal et al., 2010; Ballester et al., 2013b).

In this study the sensitivity of the Yara ZIM-probe to detect drought stress was tested in the experiment 2 comparing trees grafted on contrasting rootstocks to drought tolerance. V rootstock is known to produce more vigorous plants (larger root system) than L, which ensure a better performance of trees when are planted in heavy and dry soils (Badenes et al., 2015). Both rootstocks are used in the area of study although 90% of the production stands on trees grafted onto L. Results obtained from the Ψ_{stem} and trunk diameter variation measurements showed that trees grafted onto V remained in a better plant water status than those grafted onto L during the drought cycle. These differences in water status were also reflected in the leaf turgor measurements since trees grafted onto V remained more days in state I (well-watered conditions, 8 out of 10 days) than those grafted onto L (3 out of 10 days). The use of the Yara ZIM-probes to monitor leaf turgor in combination with other plant physiological assessments may provide then useful information to assess the response of rootstocks to drought stress in order to identify those more adequate for a range of scenarios with different water-limiting conditions.

5. Conclusions

The results obtained from this study show that continuous leaf turgor monitoring with the Yara ZIM-probes enabled the detection of water stress in Persimmon trees. Three states of leaf turgor were identified depending on the shape of the P_p curve (normal, half inverted and total inverted) obtained from the probes. State I (Ψ_{stem} above -0.8 MPa) was observed during the whole experiment in the well-watered trees and when water restrictions were not applied in the drought stressed treatments. State II and III of leaf turgor were observed just during the drought cycles when trees reached Ψ_{stem} values considered of mild to severe water stress.

These results suggest, on one hand, that the Yara ZIM-probe could be a possible tool to be used in this crop for scheduling irrigation. Further research, however, is needed to address different aspects such as the unusual P_p evolution observed just after clamping or how P_p is influenced by the seasonal variability in tissue water relations, or crop load before attempting to recommend its use for irrigation scheduling purposes. Its use along with other physiological measurements, on the other hand, may be used to assess the tolerance of rootstocks to drought stress with the aim to identify those more adequate for semi-arid environments.

6 References

Allen, R.G., Pereira, R.S., Raes, D. & Smith, M. (1998). Crop
Evapotranspiration-

Guidelines for Computing Crop Water Requirements. Irrigation and Drainage 56. FAO, Roma, p. 56.

Arnal, L., & Río, M. A. (2003). Removing Astringency by Carbon Dioxide and Nitrogen-Enriched Atmospheres in Persimmon Fruit cv."Rojo brillante". Journal of Food Science, 68(4), 1516-1518.

Badal, E., Buesa, I., Guerra, D., Bonet, L., Ferrer, P. & Intrigliolo, D. S. (2010). Maximum diurnal trunk shrinkage is a sensitive indicator of plant water, stress in Diospyros kaki (Persimmon) trees. Agricultural water management, 98(1), 143-147.

Badal, E., El-Mageed, T. A., Buesa, I., Guerra, D., Bonet, L. & Intrigliolo, D. S. (2013). Moderate plant water stress reduces fruit drop of "Rojo

Brillante" persimmon (Diospyros kaki) in a Mediterranean climate. Agricultural water management, 119, 154-160.

Badenes, M. L., Naval M. M., Martínez-Calvo, J. & Giordani, E. (2015) "Material vegetal y mejora genética". In *El cultivo del caqui*, Badenes M.L., Intrigliolo, D.S., Salvador, A., Vicent, A. Ed. Generalitat Valenciana, Valencia, 17-33.

Ballester, C., Castiella, M., Zimmermann, U., Rüger, S., Martínez-Gimeno, M.A., Intrigliolo, D.S. (2016) Usefulness of the Yara ZIM plant technology for detecting plant water stress in Clementine and Persimmon trees. Acta. Hort. (In press).

Ballester, C., Castel, J., Jimenez-Bello, M.A., Castel, J.R., Intrigliolo, D.S. (2013a). Thermographic measurement of canopy temperature is a useful tool for predicting water deficit effects on fruit weight in citrus trees. Agricultural water management, 122, 1-6.

Ballester, C., Jimenez-Bello, M.A., Castel, J.R., Intrigliolo, D.S. (2013b). Usefulness of thermography for water stress detection in citrus and persimmon trees. Agricultural and Forest Meteorology, 168, 120-129.

Buesa, I., Badal, E., Guerra, D., Ballester, C., Bonet, L. & Intrigliolo, D. S. (2013). Regulated deficit irrigation in persimmon trees (Diospyros kaki) cv.'Rojo Brillante'. Scientia Horticulturae, 159, 134-142.

Connor, D. J. (2005). Adaptation of olive (Olea europaea L.) to water-limited environments. Crop and Pasture Science, 56(11), 1181-1189.

Ehrenberger, W., Rüger, S., Rodríguez-Domínguez, C.M., Díaz-Espejo, A., Fernández, J.E., Moreno, J., Zimmermann, D., Sukhorukov, V.L. & Zimmermann U. (2012). Leaf patch clamp pressure probe measurements on olive leaves in a nearly turgorless state. Plant Biol., 4(4), 666-674.

Fernández, J. E. (2014). Plant-based sensing to monitor water stress: Applicability to commercial orchards. Agric. Water Manage., 142, 99-109.

Fernández, J. E., Rodríguez-Domínguez, C.M., Pérez-Martín, A., Zimmermann U., Rüger, S., Martín-Palomo, M.J., Torres-Ruíz, J.M., Cuevas, M.V., Sann, C., Ehrenberger, W. & Díaz-Espejo, A. (2011). Online-monitoring of tree water stress in a hedgerow olive orchard using the leaf patch clamp pressure probe. Agric. Water Manage., 100, 25-35.

Fernández, J. E. & Cuevas, M. V. (2010). Irrigation scheduling from stem diameter variations: a review. Agricultural and Forest Meteorology, 150(2), 135-151.

George, A. P., Nissen, R. J. & de Kruiff, H. C. B. (1995). Effects of plant water stress on fruit set of non-astringent persimmon under controlled-environment conditions. Acta horticulturae. 409, 117-121.

Giordani, E., Picardi, E & Radice, S. (2015) "Mofología y fisiología". In *El cultivo del caqui*, Badenes M.L., Intrigliolo, D.S., Salvador, A., Vicent, A. Ed. Generalitat Valenciana, Valencia, 17-33.

Intergovernmental Panel on Climate Change, IPCC. (2014). Climate Change 2014–Impacts, Adaptation and Vulnerability: Regional Aspects. Cambridge University Press.

Jones, H. G., Serraj, R., Loveys, B. R., Xiong, L., Wheaton, A. & Price, A. H. (2009). Thermal infrared imaging of crop canopies for the remote diagnosis and quantification of plant responses to water stress in the field. Functional Plant Biology, 36(11), 978-989.

Kant, S., Burch, D., Ehrenberger, W., Bitter, R., Rüger, S., Mason, J., Rodin, J., Materne, M., Zimmermann, U. & Spangenberg, G. (2014). A novel crop water analysis system: identification of water stress tolerant genotypes of canola (Brassica napus L.) using non-invasive magnetic turgor pressure probes. Plant Breeding, 133(5), 602-608.

Ortuño, M. F., Conejero, W., Moreno, F., Moriana, A., Intrigliolo, D. S., Biel, Mellisho, C.D., Pérez-Pastor, A., Domingo, R., Ruiz-Sánchez, M.C., Casadesus, J. & Bonany, J. (2010). Could trunk diameter sensors be used in woody crops for irrigation scheduling? A review of current knowledge and future perspectives. Agricultural Water Management, 97(1), 1-11.

Padilla-Díaz, C. M., Rodriguez-Dominguez, C. M., Hernandez-Santana, V., Perez-Martin, A. & Fernández, J. E. (2015). Scheduling regulated deficit irrigation in a hedgerow olive orchard from leaf turgor pressure related measurements. Agricultural Water Management. http://dx.doi.org/10.1016/j.agwat.2015.08.002

Perucho, R. (2015) "El cultivo del caqui. Antecedentes e importancia económica". In *El cultivo del caqui*, Badenes M.L., Intrigliolo, D.S., Salvador, A., Vicent, A. Ed. Generalitat Valenciana, Valencia, 17-33.

Rodriguez-Dominguez, C.M., Ehrenberger, W., Sann, C., Rüger, S., Sukhorukov, V.L., Martín-Palomo, M.J., Diaz-Espejo, A., Cuevas, M.V., Torres-Ruiz, J.M., Perez-Martin, A., Zimmermann, U. & Fernández, J.E. (2012). Concomitant measurements of stem sap flow and leaf turgor pressure in olive trees using the leaf patch clamp pressure probe. Agric. Water Manage. 114:50-58.

Ruiz-Sanchez, M. C., Domingo, R., & Castel, J. R. (2010). Review. Deficit irrigation in fruit trees and vines in Spain. Spanish Journal of Agricultural Research, 8(2),5-20.

Rüger, S., Netzer, Y., Westhoff, M., Zimmermann, D., Reuss, R., Ovadiya, S., Gessner, P., Zimmermman, D., Schwartz, A. & Zimmermann, U. (2010). Remote monitoring of leaf turgor pressure of grapevines subjected to different irrigation treatments using the leaf patch clamp pressure probe. Australian Journal of Grape and Wine Research, 16(3), 405-412.

Rüger, S., Ehrenberger, W., Zimmermann, U., Ben-Gal, A., Agam, N. & Kool, D. (2011). The Leaf Patch Clamp Pressure Probe: A New Tool for Irrigation Scheduling and Deeper Insight into Olive Drought Stress Physiology. Acta Hortic, (888), 223.

Turner, N.C. (1981). Techniques and experimental approaches for the measurement of plant water status. Plant Soil 58, 339–366.

Westhoff, M., Reuss, R., Zimmermann, D., Netzer, Y., Gessner, A., Geßner, P., Zimmermann, G., Wegner, L.H., Bamberg, E., Schwartz, A., Zimmermann, U. (2009). A non-invasive probe for online-monitoring of turgor pressure changes under field conditions. Plant Biology 11, 701–712.

Westhoff, M., Schneider, H., Zimmermann, D., Mimietz, S., Stinzing, A., Wegner, L.H., Kaiser, W., Krohne, G., Shirley, S., Jakob, P., Bamberg, E., Bentrup, F-W. & Zimmermann, U. (2008). The mechanisms of refilling of xylem conduits and bleeding of tall birch during spring. Plant Biology 10:604-623.

Zimmermann D, Reuss R, Westhoff M, Gessner P, Bauer W, Bamberg E, Bentrup F-W & Zimmermann U. (2008) A novel, non-invasive, online-monitoring, versatile and easy plant based probe for measuring leaf water status. J Exp Bot 59:3157–3167.

Zimmermman, U., Israeli, Y., Zhou, A., Schwartz, A., Bamberg, E. & Zimmermann, D. (2009). Effects of environmental parameters and irrigation on the turgor pressure of banana plants measured using the non-invasive, online monitoring leaf patch clamp pressure probe. Plant Biol., 12(3), 424-436.

Zimmermann, U., Bitter, R., Schüttler, A., Ehrenberger, W., Rüger, S., Bramley, H., Siddique, K., Arend, M. & Bader, M.K.-F. (2013a). Advanced plant-based, internet-sensor technology gives new insights into hydraulic plant functioning. Acta Hortic. IX International Workshop on Sap Flow by ISHS. 991, 313-320.

Zimmermann, U., Bitter, R., Ribeiro Marchiori, P.E., Rüger, S., Ehrenberger, W.,Sukhorukov, V.L., Schüttler, A. & Ribeiro, R.F. (2013b). A non-invasive plant-based probe for continuous monitoring of water stress in real time: a new tool forirrigation scheduling and deeper insight into drought and salinity stress sphysiology, Theor. Exper. Plant Physiol. 25, 3–12.

Usefulness of the ZIM-probe Technology for detecting water stress in Clementine and Persimmon trees

C. Ballester[1], M. Castiella[2,3], U. Zimmermann[2,4], S. Rüger[2,3], M.A. Martínez-Gimeno[5] and D.S. Intrigliolo[1,5]

[1]Valencian Institute for Agricultural Research (IVIA), Valencia, Spain; [2]ZIM Plant Technology GmbH, Hennigsdorf, Germany; [3]Present address: YARA ZIM Plant Technology GmbH, Hennigsdorf, Germany; [4]Department of Biotechnology, Universität Würzburg, Germany (from 31-12-2013); [5]Center for Applied Biology and Soil Sciences (CEBAS), Murcia, Spain.

1. Introduction

Mediterranean ecosystems have high water requirements which are not compensated by the scarce rainfall typical from these semiarid areas. These climatic conditions make irrigation and optimization of the water resources essential for the proper management of the crops and, eventually, for the sustainability of the agricultural systems. Several plant-based techniques have been studied during the last decades to continuously monitor the plant water status in crops of a considerable economical interest (Fernández, 2014). These techniques, such as the leaf/stem water potential, stem dendrometers or the sap flow measurements, among others, present however some practical issues that prevent their regular use in the field (Zimmermann et al., 2013a). Leaf turgor monitoring with a magnetic-based probe (known as ZIM-probe) has been pointed out as a promising alternative to the aforementioned techniques (Zimmermann et al., 2008). The non-invasive ZIM-probe measures the pressure (P_p) transfer function through a patch of an intact leaf, which is inversely correlated with the turgor pressure. The usefulness of the ZIM-probe to detect plant water stress has been studied on several horticultural and fruit crops (Westhoff et al., 2008; Zimmermman et al., 2009; Rüger et al., 2010, 2011; Ehrenberger et al., 2011; Fernández et al., 2011; Rodríguez-Domínguez et al., 2012;). These studies showed that the ZIM-probe detected very sensitively changes in turgor pressure caused by variations in the microclimate, irrigation or even the use of different genotypes. Different approaches, however, may be used to determine the level of stress reached by the plants based on their physiological characteristics and their tolerance or sensitivity to drought stress.

This work was focused on assessing the usefulness of the ZIM-probe to detect plant water stress in clementine and persimmon trees. Clementine is the most cultivated mandarin in Spain, which is the second world producer of this species (Faostat, 2012). Persimmon, on the other hand, is an emerging crop with a steadily increasing plantation in citrus producing areas (Badenes et al., 2015). Its phenological and anatomical differences with citrus makes persimmon an interesting species to be compared with in relation to the assessment of water stress detection techniques (Ballester et al., 2013).

2. Materials and methods

2.1. Experimental plots and treatments

The experiment was performed during 2014 and 2015 in two commercial orchards planted with *citrus clementina*, Hort ex Tan 'Arrufatina', and *Diospyros kaki* 'Rojo Brillante'. The clementine orchard was located in Alberique (39º 7' 31.33" N, 0º 33' 17.06" W), Valencia (Spain). Trees were grafted onto Citrange Carrizo (*Citrus sinensis*, Osb. x *Poncirus trifoliata*, Raf.) at a spacing of 5.5 m x 4.25 m and had an average canopy ground cover at the beginning of the experiment of 33% of the area allotted per tree. Irrigation was applied with two drip lines leaving 8 emitters (2.2 l m^{-2}) per tree. The persimmon orchard was located in Liria (40° N, elevation 300 m), Valencia (Spain) where trees were grafted onto *Dyospiros Lotus* at a spacing of 5 m x 2.5 m. At the beginning of the experiment persimmon trees had an average trunk perimeter of 23.6 cm. Drip irrigation was applied with two drip lines leaving 10 emitters (4.5 l m^{-2}) per tree.

Two irrigation treatments were applied in both orchards: (i) control treatment, irrigated at 100% of crop evapotranspiration (ET$_c$) during the whole season and; (ii) none irrigated treatment (DS), in which trees were subjected to drought cycles (from July 23rd to July 31st and from August 28th to September 6th in the clementine orchard, and from August 18th to August 23rd and August 29th to September 3rd in the persimmon plot). Each treatment was made up of five trees in which stem water potential (Ψ_{stem}), stomatal conductance (g_s) and leaf turgor measurements were performed.

2.2. Leaf turgor measurements

Two ZIM-probes were installed in mature leaves at the east side of the canopies of all the selected trees (10 ZIM-probes per treatment, 20 per species) in order to monitor the leaf turgor (Fig. 1).

Fig. 1. ZIM-probes installed in Clementine (right) and Persimmon (left) mature leaves.

All the pressure sensors were previously tested under laboratory conditions to ensure that ambient temperature (T_a) did not have any influence on the ZIM-probe's readings. Relative humidity (RH) and T_a sensors were also installed in both orchards (two RH and four T_a sensors in the Clementine grove and two RH and T_a sensors in the persimmon orchard) to distinguish relative changes in leaf turgor pressure due to microclimate variations from those caused by drought stress (Zimmermann et al., 2013b). The ZIM-probes and T_a and RH sensors were wired to transmitters (one per tree, 10 in total per orchard) which sent the data via wireless to a GPRS modem which in turn was linked to an internet server via mobile phone network.

2.3. Plant water status determinations

Concomitant measurements of midday Ψ_{stem} were carried out in both orchards during the drought cycles to determine the plant water status. Measurements were performed at noon with a Scholander pressure chamber in 2-4 mature leaves from all the trees equipped with the ZIM-probes as described in Turner (1981). Additionally, hourly cycles of Ψ_{stem} (May 4th and 5th, 2015) and g_s (August 19th, 2014) measurements were performed in the Clementine and Persimmon orchards, respectively. The g_s measurements were performed in a total of five sunny leaves per tree with a leaf porometer (model).

2.4. Statistical analysis

Data were analyzed using Origin (OriginLab, Northampton, MA). For statistical comparison of the treatments two-tailed Student's *t*-test ANOVA was used. A value of $P < 0.05$ was considered to be statistically significant. Average data of P_p max and P_p min slopes and Ψ_{stem} are presented as mean ± standard error. The relationship between P_p, Ψ_{stem} and g_s during the daily cycles of measurements was explored by correlation analyses.

3. Results and discussion

3.1. Citrus experiment

At the beginning of the experiment, control and DS trees had similar values of Ψ_{stem} (around -1.09 MPa). When water restrictions began, however, differences in plant water status arose between treatments. DS trees reached minimum values of -1.88 MPa and -1.67 MPa during the first (from July 23rd to July 31st) and second (from August 28th to September 6th) drought cycles, respectively, while control trees did not surpass the -1.27 MPa in any case (Fig. 2). Differences in the P_p profile between control and DS trees were also detected with the ZIM-probes during the drought cycles. Irrigation withholding increased daily maximum patch pressure ($P_p$max) values in DS trees as Ψ_{stem} decreased (Fig. 3).

Similar P_p profiles have been reported for a large number of crops such as grapevine, olive, banana, and almond trees when subjected to drought stress (Zimmermann et al., 2013b). In almond, orange (Zimmermann et al.,

2013b), and olive (Ehrenberger et al., 2011; Fernández et al., 2011) trees, continuous water stress led to different leaf turgor status, which were identified by a half or complete inversion of the P_p curve, i.e. higher P_p values during night and lower values during the day (Ehrenberger et al., 2011). In our experiment with clementine trees, an inversion of the P_p curve was not commonly observed and just two out of ten ZIM-probes monitored a half inversion of the P_p curve during the whole experiment. Prolonged drought stress has also been related with an increase in the $P_p$min (recorded at night), which has been suggested as other possible water stress indicator when using the ZIM-probes (Zimmermann et al., 2013b).

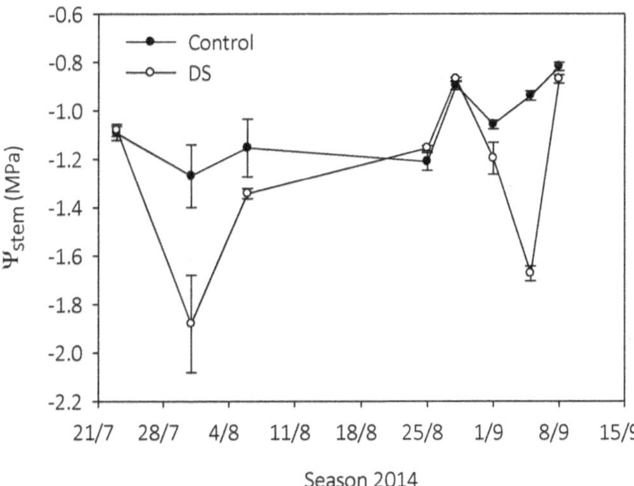

Fig. 2. Stem water potential (Ψstem) evolution in the control and none irrigated trees (DS) during the drought cycle periods applied to the citrus trees. Each point is the average of 10-20 leaves (5 trees per treatment). Vertical bars represent ± standard error.

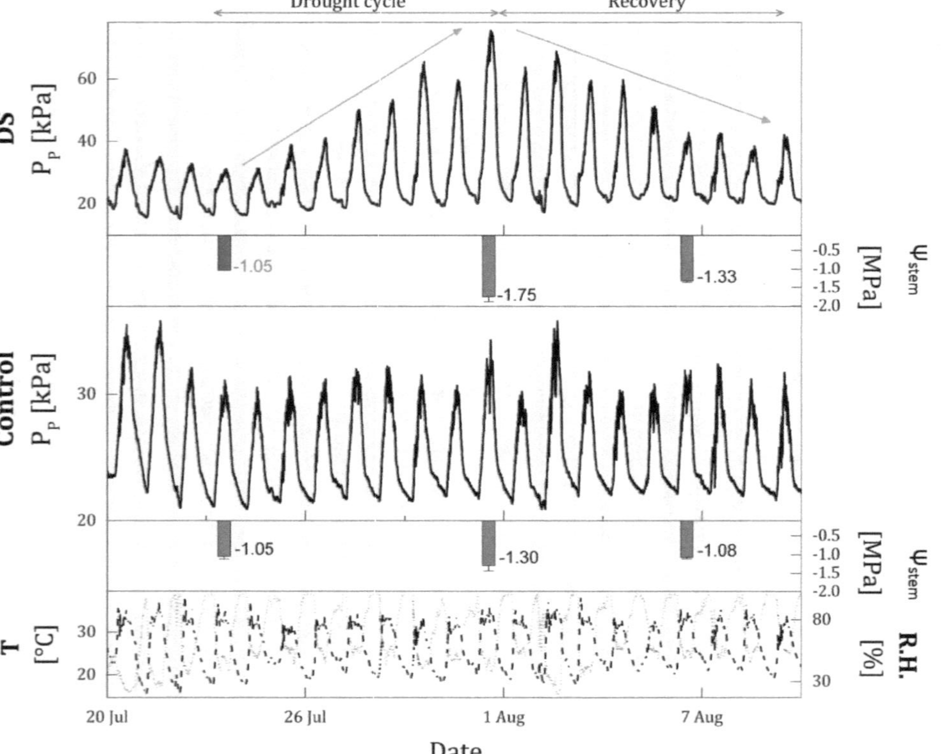

Fig. 3. Air temperature (T, dashed line), relative humidity (R.H., dotted line) and patch pressure (P_p, solid line) evolution in a drought stress tree (DS) and control tree during the drought cycle period from July 23rd to July 31st and the recovery period. Average stem water potential (Ψ_{stem}) measurements are shown as vertical columns ± standard error, n=2. The shaded background columns indicate the nocturnal hours.

Here in clementine trees, $P_p$min did not significantly increase in the DS treatment along the drought cycles, which suggests that rehydration of leaves during the night was not affected (Fig. 3; table 1).

These results point out the increase in daily $P_p$max as the most useful water stress indicator for clementine trees. Notable differences were observed between treatments when the slope obtained from the $P_p$max was calculated (Table 1). Nevertheless, these differences were only statistically significant during the second drought cycle (from August 28th to September 6th), when the highest differences in Ψ_{stem} were obtained between treatments, mainly due to the high variability observed between ZIM-probes readings from a same treatment (Table 1).

Table 1. Statistical analysis (significance differences at *p* value <0.05) for the maximum patch pressure ($P_p$max), minimum patch pressure ($P_p$min) and stem water potential (Ψ_{stem}) measurements obtained in the citrus experiment. DC is drought cycle.

	P_p max		P_p min		Ψ_{stem}	
	Slope (kPa/day)	T-test	Slope (kPa/day)	T-test	Slope (kPa/day)	T-test
1st DC						
Control	0.96 ± 0.83	0.07	0.23 ± 0.97	0.08	0.20 ± 0.10	<0.001
DS	2.43 ± 2.29		0.83 ± 0.34		0.95 ± 0.30	
2nd DC						
Control	1.19 ± 0.99	<0.001	0.77 ± 1.20	0.05	0.05 ± 0.04	<0.001
DS	3.20 ± 1.87		1.74 ± 1.79		1.00 ± 0.14	

Once water restrictions ended and irrigation was resumed in the DS treatment, Ψ_{stem} recovered in a few days to similar values as those of control trees (Fig. 2). Likewise, maximum daily P_p values within each DS tree returned to similar values to those recorded previous to the drought cycle (Fig. 3). Daily P_p values yielded in general a good correlation with Ψ_{stem} (coefficient of determination, r^2, ranging from 0.40 to 0.74) when data from both days of measurements were pulled together (Table 2).

Table 2 Coefficient of determination obtained from the patch pressure (P_p) relationship with the stem water potential (Ψ_{stem}) performed in citrus trees. Each P_p was plotted against the concomitant Ψ_{stem} measured in the tree where the ZIM-probe (ZP) was installed (n=11 in individual days and 22 when data from both days where pulled together).

	ZP-1	ZP-2	ZP-3	ZP-4	ZP-5	ZP-6
May 4th	0.28	0.58	0.36	0.20	0.48	0.40
May 5th	0.73	0.80	0.81	0.65	0.88	0.87
Both days	0.51	0.69	0.57	0.40	0.74	0.71

Within each day, the weakest correlations were obtained in May 4th when T_a and consequently P_p sharply decreased from 15:00 to 21:00h (Fig. 4). In May 5th, P_p decrease during the afternoon was much more moderate than the previous day yielding its relationship with Ψ_{stem} an r^2 that ranged between 0.65 and 0.88, values more similar to those reported in other studies with eucalyptus, birch or wheat (Westhoff et al., 2008, Zimmermann et al., 2010, Bramley et al., 2012).

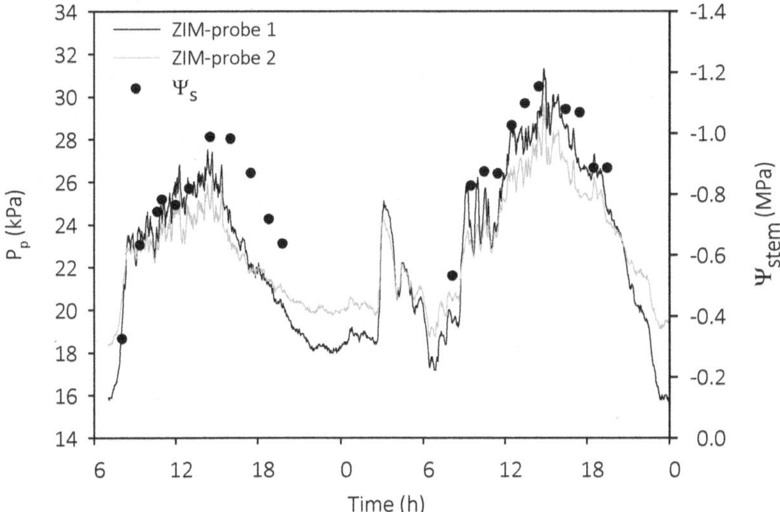

Fig. 4. Hourly cycle of stem water potential (Ψ_{stem}) and patch pressure (P_p) evolution monitored in two ZIM-probes installed in the same tree during two consecutive days (May 4th and 5th 2015). Each point is the average of three Ψ_{stem} measurements.

3.2. Persimmon experiment

Control and DS trees had a mean Ψ_{stem} at the beginning of the experiment of -0.66 MPa (Fig. 5). Once irrigation treatments began, Ψ_{stem} in control trees remained around values of -0.65 MPa during the whole experiment while it sharply dropped in DS trees from -0.66 to -1.73 MPa and 0.99 to -1.97 MPa during the first and second drought cycles, respectively (Fig. 5).

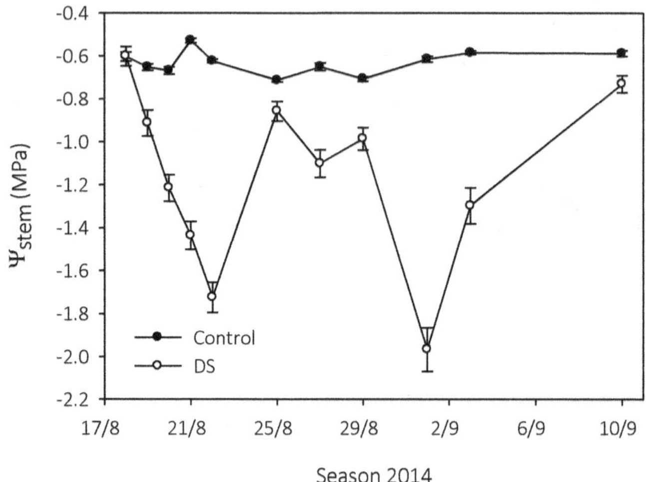

Fig. 5. Stem water potential (Ψ_{stem}) evolution in the control and none irrigated trees (DS) during the drought cycle periods applied to the citrus trees. Each point is the average of 10-20 leaves (5 trees per treatment). Vertical bars represent ± standard error.

Differences in plant water status between treatments were also detected in persimmon trees by the ZIM-probes. The typical P_p curve characterized by a steadily increase during morning, peak around midday and a gradually decrease during the afternoon was observed in control trees during the whole experiment (Fig. 6). DS trees showed the same profile as control trees at the beginning of the water restrictions and after the recovery period. Nevertheless, similar to the aforementioned for almond and olive trees and contrary to the results obtained in the clementine experiment, different states of turgor pressure (state I, II and III) were observed in DS trees as Ψ_{stem} decreased (Fig. 6). Values of Ψ_{stem} above -0.90 MPa were associated with the typical P_p curve observed in control trees, which corresponded to the state I of leaf turgor (Fig. 6). As plant water status impaired, P_p curve shape changed most likely due to the presence of air bubbles within the leaves (see Ehrenberger et al., 2011 for more detail). The intermediate state of leaf turgor, identified by a half inversion of the P_p curve, was associated with Ψ_{stem} values ranging from -0.90 and -1.20 MPa (Fig.5). Below -1.20 MPa, a complete inversion of the P_p curve (state III) was recorded in seven and six out of ten ZIM-probes during the first and second drought cycles, respectively.

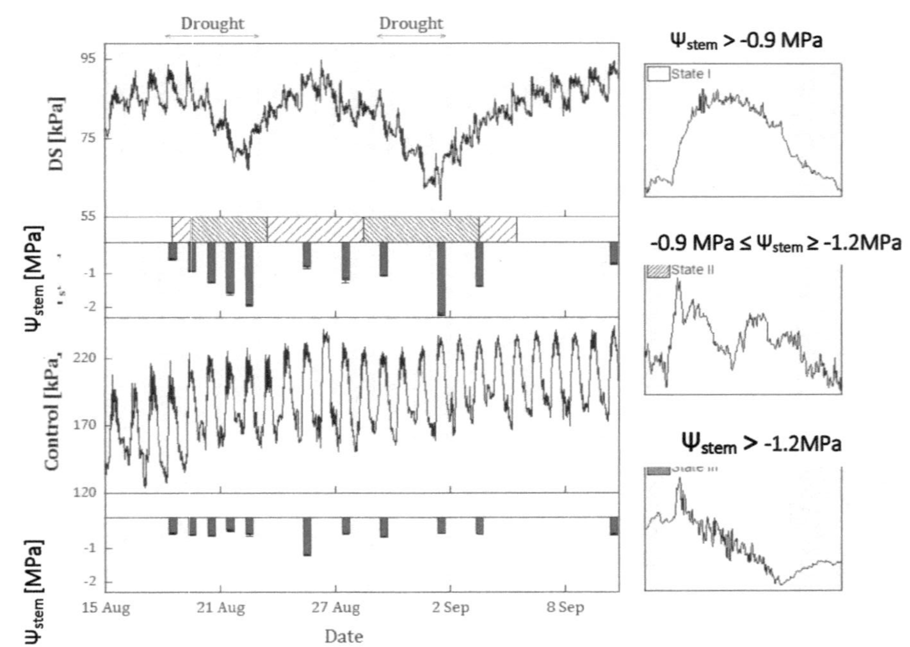

Fig. 6. Average stem water potential (Ψ_{stem}, columns) and patch pressure (P_p, solid line) evolution in a drought stress tree (DS) and control tree during two drought cycles applied in the persimmon orchard (1st drought cycle: August 18th to August 23rd; 2nd cycle: August 29th to September 3rd). Different P_p curve shapes associated to different plant water status are also identified between the P_p and Ψ_{stem} measurements for each treatment (state I ⬜; state II ▨ and; state III ▧). Ψ_{stem} values are

States I, II and III of leaf turgor in persimmon trees were related to higher values of Ψ_{stem} than those reported for olive trees. While state III of leaf turgor was related to values above -1.20 MPa in persimmon trees, in a hedgerow olive orchard performed in Seville, Spain (Fernández et al., 2011) these Ψstem values were related with the state I. Severe (state III) levels of water stress were identified in this crop with Ψ_{stem} values bellow-1.70 MPa. These results clearly manifest the different sensitivity to drought stress of persimmon and olive trees, the latter well adapted to deal with water-limited environments (Conor, 2005).

The g_s measurements showed a similar daily pattern as that of the P_p curve in most of the cases. An example of the daily g_s and P_p pattern measured in one of the control persimmon trees is depicted in figure 7. Both g_s and P_p showed the lowest values early in the morning and increased thereafter to reach a peak at noon and steadily decreased during the afternoon.

In general, there was a good correlation between g_s and P_p yielding r^2 values higher than 0.60 in nine out of eleven probes (Table 2).

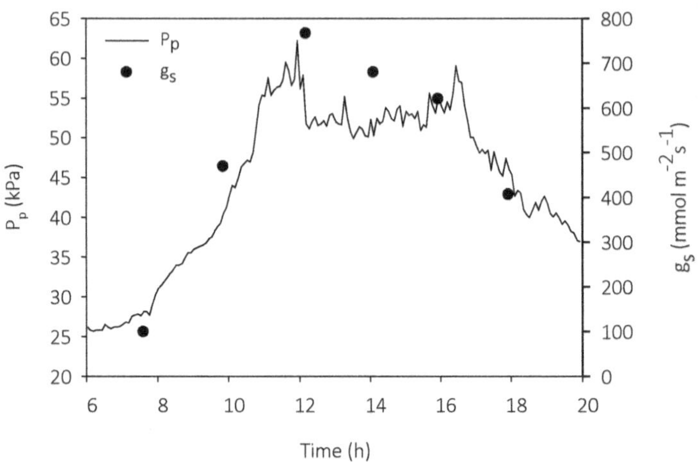

Fig. 7. Stomatal conductance (g$_s$) and patch pressure (P$_p$) evolution monitored in a same tree during a sunny day (August 19th, 2014). Each point is the average of five g$_s$ measurements.

Table 2 Coefficient of determination (r^2) obtained from the patch pressure (P$_p$) relationship with the stomatal conductance (g$_s$) in persimmon trees. Data from each ZIM-probe (ZP) was plotted against concomitant measurements of g$_s$ performed in the same tree (n=6).

	ZP 1	ZP 2	ZP 3	ZP 4	ZP 5	ZP 6	ZP 7	ZP 8	ZP 9	ZP 10	ZP 11
r^2	0.66	0.73	0.46	0.33	0.94	0.79	0.83	0.71	0.76	0.82	0.74

4. Conclusions

Overall, the results from this experiment show that the non-invasive ZIM-probe technology enabled the detection of water stress in clementine and persimmon trees. Nevertheless, they also show that different approaches must be used for each of these species. On one hand, the assessment of the $P_p$max seemed to be a good water stress indicator for clementine trees although more research on this species would be needed in order to determine the level of stress reached by the plants. Persimmon trees, on the other hand, were more prone than clementine trees to the P_p curve inversion phenomena, which allowed the identification of P_p curve shapes to different levels of plant water status. This technology could be used then to properly manage plant water status in this crop and subject trees to moderate water stress during certain periods in order to reduce summer fruit drop and not impair crop production. The high leaf-to-leaf variability observed within trees point out the need of studying how leave age or elasticity may influence P_p. More research on the influence of other parameters apart from water status such as rootstock, seasonal variability in tissue water relations or crop load would be also of great interest.

5. References

Ballester, C., Jiménez-Bello, M.A., Castel, J. R. and Intrigliolo, D. (2013). Usefulness of thermography for plant water stress detection in citrus and persimmon trees. Agric. Forest Meteorol. 168, 120-129.

Connor, J. (2005). Adaptation of olive (Olea europaea L.) to water-limited environments. Aust. J. Agric. Res., 56, 1181-1189.

Ehrenberger, W., Rüger, S., Rodríguez-Domínguez, C.M., Díaz-Espejo, A., Fernández, J.E., Moreno, J., Zimmermann, D., Sukhorukov, V.L. and Zimmermann U. (2012). Leaf patch clamp pressure probe measurements on olive leaves in a nearly turgorless state. Plant Biol., 4(4), 666-674.

Fernández, J. E. (2014). Plant-based sensing to monitor water stress: Applicability to commercial orchards. Agric. Water Manage., 142, 99-109.

Fernández, J. E., Rodríguez-Domínguez, C.M., Pérez-Martín, A., Zimmermann U., Rüger, S., Martín-Palomo, M.J., Torres-Ruíz, J.M., Cuevas, M.V., Sann, C., Ehrenberger, W. and Díaz-Espejo, A. (2011). Online-monitoring of tree water stress in a hedgerow olive orchard using the leaf patch clamp pressure probe. Agric. Water Manage., 100, 25-35.

Rodriguez-Dominguez, C.M., Ehrenberger, W., Sann, C., Rüger, S., Sukhorukov, V.L., Martín-Palomo, M.J., Diaz-Espejo, A., Cuevas, M.V.,

Torres-Ruiz, J.M., Perez-Martin, A., Zimmermann, U. and Fernández, J.E. 2012. Concomitant measurements of stem sap flow and leaf turgor pressure in olive trees using the leaf patch clamp pressure probe. Agric. Water Manage. 114:50-58.

Turner, N.C. (1981). Techniques and experimental approaches for the measurement of plant water status. Plant Soil 58, 339–366.

Westhoff, M., Schneider, H., Zimmermann, D., Mimietz, S., Stinzing, A., Wegner, L.H., Kaiser, W., Krohne, G., Shirley, S., Jakob, P., Bamberg, E., Bentrup, F-W., Zimmermann, U. (2008). The mechanisms of refilling of xylem conduits and bleeding of tall birch during spring. Plant Biology 10:604-623.

Zimmermann, U., Bitter, R., Ribeiro, P.E, Rüger, S., Ehrenberger, S., Sukhorukov, V.L., Schüttler, A., Vasconcelos, R. (2013). A non-invasive plant-based probe for continuous monitoring of water stress in real time: a new tool for irrigation scheduling and deeper insight into drought and salinity stress physiology. Theoretical and Experimental Plant Physiology, 25(1): 2-11.

Zimmermann, U., Bitter, R., Schüttler, A., Ehrenberger, W., Rüger, S., Bramley, H., Siddique, K., Arend, M. and Bader, M.K.-F. (2013a). Advanced plant-based, internet-sensor technology gives new insights into hydraulic plant functioning. Acta Hortic. IX International Workshop on Sap Flow by ISHS. 991, 313-320.

Zimmermann, U., Rüger, S., Shapira, O., Westhoff, M., Wegner, L.H., Reuss, R., Gessner, P., Zimmermman, G., Israeli, Y., Zhou, A., Schwartz, A., Bamberg, E. and Zimmermann, D. (2009). Effects of environmental parameters and irrigation on the turgor pressure of banana plants measured using the non-invasive, online monitoring leaf patch clamp pressure probe. Plant Biol., 12(3), 424-436.

Capítulo V

Discusión general

El objetivo de esta Tesis Doctoral ha sido evaluar diferentes estrategias que permitan un adecuado manejo del riego, minimizando el impacto medioambiental de la actividad agrícola sin afectar al rendimiento productivo de las explotaciones. La problemática se ha abordado desde diversas perspectivas, planteando actuaciones que comprenden distintos componentes de la **EUA**. Este enfoque complementa la línea de trabajo que en los últimos años se ha llevado a cabo en los planes de mejora y consolidación de regadíos, que han centrado sus actuaciones fundamentalmente sobre $E_{hidráulica}$ mediante la introducción de tecnologías en la distribución, gestión y control del agua de riego (Molle y Sanchís-Ibor, 2019). Las principales intervenciones llevadas a cabo durante el proceso de modernización han sido instalar conducciones presurizadas; aumentar la garantía de disponibilidad de agua, mediante la construcción de nuevos elementos propios de regulación, el aprovechamiento para riego de las aguas regeneradas y desalinizadas; optimizar los costes de operación, mantenimiento y mano de obra mediante la incorporación de elementos de control y automatización; y fomentar un uso eficiente de la energía en las instalaciones de regadío e impulsar la introducción progresiva de las energías renovables (Playán y Mateos, 2006; Rodríguez et al., 2011). El problema reside en que, habitualmente, las actuaciones en las CCRR se centran en transportar el agua de forma adecuada hasta la parcela, sin tener bien en cuenta que la dosificación y fraccionamiento del riego son el último escalón hacia la eficiencia global del sistema. Las estrategias para aumentar la EUA planteadas en la presente Tesis Doctoral tratan de aproximar una solución a través de herramientas y procedimientos prácticos que promuevan una agricultura de regadío sostenible.

Se aborda la adecuada determinación de las necesidades de riego buscando optimizar la $E_{aplicación}$. En el *Capítulo III* se propone un método para la programación eficiente del riego a través de un balance hídrico que emplea umbrales de humedad del suelo establecidos considerando un adecuado estado hídrico de la planta, y de sensores capacitivos que cuantifican el contenido de agua del suelo. Esta estrategia ha permitido reducir las aportaciones un 26 % respecto de un tratamiento control regado al 100% de la ET_C sin reducir la producción, mejorando la productividad del agua. En paralelo, en el *Capítulo IV*, se ha evaluado la viabilidad de una herramienta para la medida en continuo del estado hídrico de la planta y de apoyo a la programación del riego, con tal de limitar y anticipar las consecuencias negativas que tendría una aportación de agua insuficiente sobre un cultivo. Los sensores que miden la turgencia foliar se posicionan como posibles alternativas para la determinación en continuo del estado hídrico de los cultivos estudiados. Sería interesante disponer de información sobre el cultivo desde una visión holística que integrara la variabilidad temporal que proporcionan estos dispositivos, que controlan parámetros fisiológicos a nivel de planta, con la variabilidad espacial determinada por los nuevos sistemas de teledetección, que monitorizan el estado de los cultivos a través de imágenes en diferentes bandas del espectro electromagnético tomadas desde distintas plataformas (satélites, drones...). Incluso sería de gran interés integrar la información proporcionada por los sensores de turgencia como una variable adicional en la programación del riego tal y como se ha logrado en otros cultivos (Padilla-Díaz et al., 2016). Concretamente, sería interesante integrar en un algoritmo de cálculo para la determinación de las necesidades de riego la información procedente del continuo suelo-planta-atmósfera. El cálculo podría partir de la estimación de la ET_c, mediante procedimientos clásicos como el propuesto por la FAO (Allen et al., 1998), o en base a otras estrategias como la presentada en esta Tesis Doctoral. Tras conocer la dosificación, sería fundamental fraccionar el riego mediante el empleo de sondas de humedad, con tal de adaptar la duración de los eventos de riego a las características del suelo, del sistema de riego y del propio cultivo, en función de su profundidad radicular. Por último, la información proporcionada por las medidas fisiológicas, concretamente con los sensores de turgencia, permitiría realizar un ajuste de la dosis de riego que favorezca un adecuado estado hídrico del cultivo.

En el *Capítulo II* se propone un diseño agronómico de la instalación de riego para cultivo de cítricos que mejore el componente $E_{transpiración}$. Se propone como sistema el riego por goteo subterráneo que minimiza las pérdidas de agua por evaporación de la superficie del suelo, pudiéndose alcanzar importantes ahorros de agua sin mermas en la producción ni en la calidad de la fruta. Se ha estimado que, situando los laterales de riego bajo la superficie del suelo, los volúmenes de riego se pueden reducir un 23 % respecto de un tratamiento control. Este ahorro puede incrementarse hasta un 25 % si se añade una línea adicional subterránea entre filas de árboles. En este sentido, también se ha constatado que un incremento del número de emisores por planta favorece una adecuada distribución de bulbos húmedos, que se traduce en un adecuado estado hídrico de la planta. Ante los nuevos contextos derivados del cambio climático, con olas de calor cada vez más frecuentes, se hace necesario optimizar el volumen de suelo mojado para garantizar un estado hídrico adecuado del cultivo.

Durante la realización de este ensayo, se detectaron problemas de uniformidad en los tratamientos de riego superficial, por lo que se temió que el problema pudiera ser incluso mayor en riego subterráneo. Con el fin de estimar este efecto, una vez finalizado el estudio, se retiraron los laterales de riego para su evaluación en un banco de ensayos para emisores de riego localizado (Laboratorio de Hidráulica y Riegos, Universitat Politècnica de València). Los primeros resultados (no incluidos como tal en esta Tesis) muestran que la variación de caudal de los goteros enterrados es inferior a la de los superficiales. El soterramiento de laterales de riego parece que minimiza el deterioro que provoca la radiación solar reduciendo la pérdida de elasticidad de la membrana de los goteros. Además, ya que el aumento de emisores por planta reduce el tiempo de uso de éstos, se ha encontrado que se mejoría la vida útil y uniformidad del sistema de riego (Franco et al., pendiente publicación). Por lo tanto, la combinación que parece más idónea para huertos de cítricos sería la suma de riego subterráneo con una alta densidad de emisores por planta. En todo caso, un buen mantenimiento de la instalación, con una adecuada selección y limpieza de filtros es fundamental para evitar que las partículas transportadas por el agua obstruyan los emisores de riego.

Son claras las ventajas que aporta el sistema de riego subterráneo en la parcela experimental, no obstante, hay que prestar especial atención a las implicaciones que pueda acarrear el riego subterráneo a nivel de balance energético en el caso de implementarse de forma mayoritaria en un área agrícola. El ahorro de agua que se logra mediante la reducción del componente evaporativo al soterrar los laterales de riego, puede verse reducido debido a un posible aumento de la transpiración del cultivo provocado por el incremento de la temperatura ambiental a causa de la reducción o eliminación de la superficie mojada (Villalobos et al., 2008). Respecto al balance de energía, al no mojar el suelo, éste tiene menor capacidad específica y absorbe menos energía, por lo que hay más energía para calentar el aire y para evapotranspirar. El riego subterráneo debería aplicarse en zonas en las que las condiciones ambientales permitan inclinar la balanza hacia un ahorro de agua derivado de suprimir la evaporación frente al posible aumento del requerimiento hídrico, para compensar el aumento de la transpiración. Es posible que esta situación sobre todo se dé cuando las plantaciones son jóvenes, es decir, cuando la componente evaporativa es muy alta debido al bajo porcentaje de área sombreada de las plantaciones (Bonachela et al., 2001). Aunque el suelo no es el elemento que más influencia tiene sobre el balance energético, en cada caso, sería interesante estudiar si ese remanente de energía disponible se dedica a incrementar el calor sensible o a incrementar la tasa de transpiración. En todo caso, el resultado dependerá en buena medida de la regulación estomática de cada especie frente a las condiciones ambientales

Las propuestas presentadas en la Tesis doctoral se han definido y verificado a nivel de parcela, siendo su implementación a un nivel organizativo superior, como son las **CCRR**, más o menos complejas en función de su dependencia energética para proporcionar las presiones de trabajo requeridas en los sistemas de riego localizado. Por un lado, hay CCRR que se alimenta por gravedad desde una balsa y tienen un suministro continuo, es decir, disponen de cota para que las parcelas tengan presión suficiente, no existiendo limitaciones a la hora de programar los turnos de riego de acuerdo con estrategias de optimización. El único requisito es disponer de un sistema de Supervisión, Control y Adquisición de Datos (SCADA) que permita una programación de electroválvulas que responda a las frecuencias y dosis de riego requeridas. Sin embargo, por otro lado, existen muchas CCRR que funcionan con inyección directa de los grupos de bombeo. Los turnos de riego en estas comunidades están condicionados por las tarifas horarias (valle, llano y punta). Para minimizar el coste energético, se ven obligados a funcionar en las horas valle (0 – 8 a.m.), restando flexibilidad al reparto de turnos de riego. Además, al cesar la transpiración de la planta durante la noche, los riegos aportados durante estos turnos podrían ser más ineficientes pudiéndose producir pérdidas por percolación profunda especialmente en suelos pocos profundos y arenosos. En este contexto, podrían considerarse factibles las actuaciones para adaptar las instalaciones de riego a los diseños agronómicos propuestos, es decir, introducir el riego con laterales de goteo subterráneos y un aumento del número de emisores por planta para lograr una adecuada distribución del frente húmedo. Sin embargo, el establecimiento de dosis de riego a partir de sondas de humedad y el control del estado hídrico de la planta, mediante equipos de fitomonitoreo, son procedimientos que pueden encontrarse con más limitaciones a nivel práctico. En todo caso, pueden ser de gran utilidad si son empleados en parcelas de referencia con suelos y cultivos comparables, que permitan realizar una aproximación a la realidad heterogénea de las CCRR.

La implementación de las estrategias de riego que mejoren la EUA supondría una reducción del uso del agua y un ahorro bruto de recursos, aumentando la disponibilidad del agua y logrando un mayor control de la demanda del regadío (Ruiz-Rodríguez et al., 2018). Sin embargo, es importante resaltar que, a nivel de cuenca hidrográfica, la reducción del agua destinada a riego no siempre supone un **ahorro neto**, puesto que el agua utilizada de forma ineficiente recarga el acuífero y vierte subterráneamente a la red de drenaje. Cuando esta reducción afecta a retornos no reutilizables, se genera un ahorro neto de agua que supone un incremento de los recursos hídricos disponibles. En cambio, cuando esta reducción afecta a retornos reutilizables, los ahorros brutos corresponden en realidad a una redistribución de recursos, donde se reduce los aportes hídricos a las masas naturales que dependen de estos retornos. Ahora bien, es indiscutible que la mejora de la EUA es clave desde el punto de vista de la mejora de la **calidad del agua,** ya que una reducción de la fracción de lavado supone la disminución de los retornos de los regadíos. Estos retornos tienen siempre una calidad inferior a la de las aguas en la fuente, debido a los incrementos en las concentraciones de sales disueltas, nitrógeno y fósforo, aumentando la salinidad de las aguas de ríos y acuíferos (Aragüés, 2011). La clave reside en que el volumen de los retornos de riego (no la concentración de éstos) es la variable que determina la contaminación difusa de las aguas. Sólo en algunos casos concretos, la reducción del drenaje podría tener efectos negativos sobre el cultivo. Sería el caso de aguas de riego de salinidad media-alta con fracción de lavado inferiores a 0,4-0,2 que pueden conducir tanto a descensos del rendimiento de cultivos sensibles a la salinidad (frutales y hortícolas) como a una sodificación del suelo (Aragüés et al., 1996). Por ello, la implementación de estrategias de riego eficiente deberían ir acompañadas de un estudio de la salinidad y composición iónica del agua de riego y de las necesidades de lavado de los cultivos, con tal de establecer un valor máximo de eficiencia. Es fundamental alcanzar un compromiso sostenible entre calidad del agua de riego y de su nivel de evapoconcentración, capaz de minimizar la contaminación difusa sin comprometer la calidad del suelo (Aragüés y Tanji, 2003).

Cualquier tipo de actuación que suponga un cambio en la gestión del regadío, incluida la implementación de las estrategias presentadas en esta Tesis Doctoral, debería venir acompañado de una **planificación** y de un control del impacto medioambiental en el contexto global e integral de la cuenca hidrográfica, ya que las actuaciones llevadas a cabo en un área determinada pueden afectar a otras zonas de la cuenca. En este sentido, las correspondientes Confederaciones hidrográficas junto con las CCRR, deberían realizar un seguimiento minucioso de la gestión del riego que permita analizar el manejo de los sistemas a nivel la cuenca hidrológica. Una de las herramientas que puede facilitar la implementación de estrategias de riego eficiente en las CCRR es la aplicación de técnicas de benchmarking. Este método emplea diferentes indicadores que permiten caracterizar cualquier sistema, de forma que se puedan evaluar a nivel interno, e incluso, comparar externamente con otros sistemas que emplean estrategias alternativas (Malano y Burton, 2001). El estudio de los indicadores de benchmarking en los sistemas de regadío debe realizarse a lo largo del tiempo con el fin de definir las posibles consecuencias sobre la gestión integral de los recursos en las CCRR.

Para alcanzar los objetivos planteados es fundamental el uso de las nuevas tecnologías vinculadas a unas estrategias de riego que puedan incrementar la EUA, de manera que se maximice el aprovechamiento del agua de riego de acuerdo con una estimación precisa y cuantitativa de las necesidades de riego y una correcta dosificación y buen aprovechamiento. Es algo especialmente necesario en la actualidad, donde el cambiante marco climático nos exige producir sin malgastar recursos. La agricultura de regadío requiere una monitorización objetiva y continua para una toma de decisiones racional y sostenible. Una vez establecido e implementado un programa de riego eficiente a nivel de parcela, el siguiente paso será poder aplicar estrategias de riego de precisión, teniendo en cuenta la variabilidad intra-parcelaria y, adecuando el diseño agronómico del riego y la dosificación a la variabilidad existente en parcela. Quizás estos puedan ser los próximos avances esperables en el marco del manejo del riego en frutales.

Referencias

Aragüés R., Quílez D., Isidoro D. 1996. Riego, calidad del agua y calidad del suelo: la cuenca del Ebro como caso de estudio. En "Las aguas subterráneas en las cuencas del Ebro, Júcar e Internas de Cataluña y su papel en la planificación hidrológica". Asociación Internacional de Hidrogeólogos. ISBN: 84-920529-3-7. Actas de las jornadas celebradas en la Universidad de Lleida. 361-367.

Aragüés, R. 2011. Agricultura de regadío y calidad de aguas a nivel fuente y sumidero. Riegos y drenajes XXI. 182, 24-33.

Aragüés, R., Tanji, K.K. 2003. Water Quality of Irrigation Return Flows. In: Encyclopedia of water science. Stewart B.A., Howell T.A. (Eds.), 502-506. Marcel Dekker, Inc. New York, USA

Bonachela, S., Orgaz, F., Villalobos, F. J., Fereres, E. 2001. Soil evaporation from drip-irrigated olive orchards. Irrigation Science, 20(2), 65-71.

Malano, H. M., Burton, M. 2001. Guidelines for benchmarking performance in the irrigation and drainage sector (No. 5). Food & Agriculture Org.

Molle, F., Sanchis-Ibor, C. 2019. Irrigation Policies in the Mediterranean: Trends and Challenges. In Irrigation in the Mediterranean (pp. 279-313). Springer, Cham.

Padilla-Díaz, C. M., Rodríguez-Domínguez, C. M., Hernández-Santana, V., Pérez-Martin, A., Fernández, J. E. 2016. Scheduling regulated deficit irrigation in a hedgerow olive orchard from leaf turgor pressure related measurements. Agricultural Water Management, 164, 28-37.

Playán, E., Mateos, L. 2006. Modernization and optimization of irrigation systems to increase water productivity. Agr Water Manage 80: 100-116.

Rodríguez, J.A., Pérez, L., Camacho, E., Montesinos, P. 2011. The paradox of irrigation scheme modernization: more efficient water use linked to higher energy demand. Span J Agric Res 9: 1000-1008.

Ruiz-Rodríguez, M., Pulido-Velázquez, M., Jiménez-Bello, M.A., Manzano, J., Sanchis-Ibor, C., 2017. Evaluación de los efectos de la modernización del Regadío mediante modelos agro-hidrológicos. Comparativa de los sectores 23 y 24 de la ARJ. XXXV. Congreso Nacional de Riegos. http://dx.doi.org/10.25028/CNRiegos.2017.A03.

Villalobos, F. J., Testi, L., Moreno-Pérez, M. F. 2009. Evaporation and canopy conductance of citrus orchards. Agricultural Water Management, 96(4), 565-573.

Capítulo VI

Conclusiones

Los resultados de la presente Tesis Doctoral proporcionan información científico-técnica para dar respuesta a las cuestiones fundamentales del riego eficiente: **cómo, cuánto y cuándo** regar. El estudio determina cómo realizar la correcta aplicación de agua en parcela mediante un diseño agronómico de la instalación de riego. Así mismo, se aborda la determinación de la dosis de agua para establecer una programación del riego eficiente en distintas condiciones ambientales y fases de cultivo. Finalmente, se profundiza en cómo implementar nuevas tecnologías que determinen cuándo se deben realizar los riegos (momento y frecuencia) con tal de mantener un estado hídrico del cultivo adecuado.

De forma detallada, las conclusiones alcanzadas a partir de los resultados son las siguientes:

1. DISEÑO AGRONÓMICO DE LA INSTALACIÓN DE RIEGO

— Tras el estudio de diversos diseños agronómicos de la instalación de riego para cultivo de cítricos, se puede concluir que la combinación más eficiente responde a un riego subterráneo con un elevado número de goteros por planta (11 o 14 emisores de 2.2 l h^{-1}).

— Los beneficios contrastados se pueden asociar a la mejora del estado hídrico de la planta a causa del incremento del área mojada y a la eliminación del componente evaporativo por el soterramiento de laterales de riego.

- El volumen de riego se reduce un 23 % con el sistema de riego subterráneo, superando incluso el 27 % cuando se instala una línea de goteo adicional entre filas de árboles. La importancia de estos ahorros reside en el mantenimiento de la producción, mejorando así la productividad del agua en torno a un 25 %.

2. PROGRAMACIÓN DE RIEGO EN BASE A SENSORES DE HUMEDAD DEL SUELO

- La estimación de las necesidades de riego considerando la evolución del contenido de agua en el suelo y los requerimientos hídricos de las plantas en distintos períodos es una herramienta eficiente para el regadío.

- La metodología de cálculo contempla la adaptación de los umbrales de humedad a distintos suelos y la corrección de los valores absolutos proporcionados por los sensores capacitivos para minimizar la incertidumbre en el cálculo.

- La estrategia ha sido validada en una parcela comercial de cítricos, logrando ahorros medios del 26 % sin mermas en la producción.

- La metodología presentada se podría complementar incluyendo la determinación de umbrales de humedad crítica a partir de líneas base de potencial en tallo que normalicen mejor las distintas condiciones ambientales y las fases fenológicas durante la campaña.

- El estudio abre las puertas a implementar programaciones de riego empleando directamente las simulaciones realizadas con el programa hidrológico LEACHM, logrando así abaratar el proceso de digitalización del regadío.

3. CONTROL DEL ESTADO HÍDRICO DE LA PLANTA

– La evaluación de los sensores de turgencia de hojas (Yara-ZIM) realizada en cultivo de caqui y cítricos establece que existe una adecuada respuesta frente al estrés hídrico.

– En el caso de los cítricos, se establece una relación entre el estado hídrico de la planta y el valor máximo diario registrado por los sensores Yara-ZIM.

– En el caso de los caquis, existe una clara correspondencia entre el estado hídrico de la planta y la pauta de las curvas diarias del valor que registra el sensor. Estas diferencias han permitido estableces tres estados hídricos de referencia.

– Los resultados sugieren que la turgencia foliar medida por el dispositivo Yara-ZIM podría emplearse para programar el riego manteniendo un estado hídrico adecuado.

– En todo caso, sería necesario realizar más estudios que integren la influencia de otros parámetros en la respuesta del sensor tales como edad y elasticidad de las hojas, carga productiva, parámetros ambientales, distintos niveles de estrés hídrico o salinidad del agua de riego, entre otros.

Estas estrategias han sido implementadas de forma separada, por lo que sería necesario evaluar los efectos y acotar los ahorros máximos que se pueden alcanzar al emplearlas de forma simultánea, e incluso, con otras prácticas contrastadas como es el riego deficitario controlado. Así mismo, debería evaluarse la viabilidad de su escalado a nivel de comunidad de regantes y su impacto global a nivel de cuenca hidrográfica.